Jörg Blech

Gene sind kein Schicksal

Wie wir unsere Erbanlagen
und unser Leben steuern können

S. Fischer

© S. Fischer Verlag GmbH, Frankfurt am Main 2010
Alle Rechte vorbehalten
Satz: Dörlemann Satz, Lemförde
Druck und Bindung: CPI – Claussen & Bosse, Leck
Printed in Germany
ISBN 978-3-10-004418-1

Inhalt

Vorwort
Das Geheimnis der Seenomaden

Meist sind es sechs bis zehn Holzboote, die am Horizont der Andamanensee auftauchen. Die Menschen an Bord sind schlank und haben dunkle Haare. Ihr gesamtes Leben spielt sich auf den Booten ab, sogar ihre Kinder kommen dort auf die Welt. Das Volk der Moken ist vor Jahrtausenden aufs Meer gezogen und gehört zu den letzten Seenomaden. Sie kreuzen über den Ozean und ernähren sich von Fischen und anderem Meeresgetier. Die Kinder schwimmen, noch bevor sie laufen können. Ihr Spielplatz sind die warmen Fluten. Muscheln und Seegurken klauben sie problemlos vom Meeresgrund. Denn wenn die kleinen Fischmenschen in ihrem Element sind, dann sehen sie scharf. Eine Taucherbrille brauchen sie nicht.

Dabei ist das menschliche Auge eigentlich für das Sehen an Land konzipiert. Die Lichtstrahlen aus der Luft werden durch die Linse und den Augapfel so gebrochen, dass auf der Netzhaut ein scharfes Bild entsteht. Unter Wasser funktioniert das nicht. Weil das Wasser fast die gleiche Dichte hat wie die Flüssigkeit im Innern des Auges, wird das eintreffende Licht kaum mehr gebrochen und nicht scharf auf die Netzhaut geworfen. Es entsteht ein verschwommenes Bild.

Das gilt für die meisten Menschen, aber nicht für die Kinder der Moken. Als die Biologin Anna Gislén in Schweden davon hörte, entschloss sie sich, das Geheimnis der Seenomaden zu lüften. Mit ihrer sechs Jahre alten Tochter flog sie von Kopenhagen ins thailändische Phuket, reiste im Bus weiter und fuhr mit einem Boot aufs azurblaue Meer hinaus. Nach vielen Stunden erreichten die beiden die Koh-Surin-Inseln, einen paradiesischen Archipel. Hier trafen sie auf einige Moken-Familien, die als Halbnomaden lebten: Wenn sie nicht draußen auf dem Meer waren, hielten sie sich in Bambushütten auf, die auf Stelzen am Strand standen.

Die Moken waren entzückt von dem blonden und blauäugigen Mädchen aus Schweden, das da mit seiner Mutter ankam. Wohl deshalb fassten sie Vertrauen und erlaubten zwei Jungen und vier Mädchen die Teilnahme an einem Sehtest in der See. Anna Gislén versenkte ein Gestell mit einer Kopfstütze im flachen Wasser und positionierte einen halben Meter entfernt Scheiben, die entweder waagerecht oder senkrecht gestreift waren. Auf ihren Tauchgängen legten die kleinen Seenomaden nun den Kopf auf das Gestell und verrieten der Schwedin anschließend, was sie gesehen hatten. Die Forscherin zeigte ihnen immer feinere Muster, bis die Kinder nichts mehr erkennen konnten. Auf diese Weise konnte sie die Sehschärfe bestimmen.

Als Vergleichspersonen rekrutierte Anna Gislén 28 Mädchen und Jungen aus Europa, die dort und auf den Nachbarinseln Urlaub machten. Die Touristenkinder waren zwar begeistert bei der Sache, starrten aber halb blind durch das Meerwasser. Die jungen Seenomaden konnten mehr als doppelt so scharf sehen und Muster im Bereich von 1,5 Millimetern erkennen. Der Unterschied lag an einer Besonderheit, die Anna Gislén erst mit einer Unterwasserkamera entdeckte. Die kleinen Europäer bekamen unter Wasser größere Pupillen (2,5 Millimeter im Durchmesser), weil das Licht schwächer wurde. Die Moken-Kinder dagegen zogen ihre Pupillen unter Wasser zusammen, so dass deren Durchmesser nur noch 1,96 Millimeter betrug, was anatomisch gar nicht möglich schien. Sie können ihre Linse zu einer kugeligen Form zusammendrücken. Wie bei einer Fotokamera mit kleinerer Blendeneinstellung verbessern sich dadurch Auflösung und Tiefenschärfe.

Diese Gabe schien biologisch verdrahtet zu sein, vermutete die Biologin. Weil die Seenomaden »Tausende von Jahren am und im Wasser gelebt haben, könnte die Evolution diejenigen begünstigt haben, die besser darin waren, unter Wasser zu akkomodieren«, notierte sie nach ihrer Rückkehr ins schwedische Lund. »Die Fähigkeit, unter Wasser gut sehen zu können, könnte zu einer genetischen Veranlagung geworden sein.«[1]

Anna Gislén veröffentliche ihre Vermutung in einer Fachzeitschrift, doch irgendwie spürte sie: Das war noch nicht die ganze Geschichte. Sie entschied sich, das Unterwasser-Gucken mit vier schwedischen Mädchen zu üben, und zwar in einem Hallenbad im heimischen Lund. Während andere Kinder die Wasserrutsche hinuntersausten, absolvierten die Mädchen innerhalb von 33 Tagen elf Trainingseinheiten. Vier Monate später gab es noch ein Training, und nach vier weiteren Monaten, der schwedische Sommer war endlich da, gingen die vier Mädchen an einem strahlenden Tag in ein Freibad in Lund. Es war der Tag des großen Sehtests unter Wasser. Aufgrund des gleißenden Sonnenlichts waren die Pupillen der jungen Schwedinnen schon sehr klein (Durchmesser von 2,1 Millimeter), als sie am Beckenrand standen. Doch auf ihren Tauchgängen verengten sich ihre Pupillen noch weiter (auf 1,9 Millimeter), und sie konnten somit genauso gut sehen wie die Kinder der Seenomaden.[2]

Die Biologin musste ihre anfängliche Vermutung zurücknehmen. Durch das Training hatten die Kinder aus Lund die optische Wahrnehmung verändert und sich gleichsam einen zusätzlichen Sinn erschlossen. »Wir können lernen, unter Wasser zu sehen«, sagt Anna Gislén. »Der Körper ist viel wandlungsfähiger, als wir uns das vorstellen konnten.«

Es gibt noch mehr Geschichten wie die vom Geheimnis der Seenomaden, und sie werden hier erzählt. Die Gene sind gar nicht die Marionettenspieler, für die wir sie gehalten haben, und wir sind keine Marionetten. Die Gene steuern uns – aber auch wir steuern sie.

I Die neue Lehre von den Genen

Kapitel 1
X ist ein Gen für Y

Mehr als 2000 Männer haben sich vor einiger Zeit in Schweden zusammengetan, weil sie wissen wollten, warum es ausgerechnet sie getroffen hat. Sie waren an Krebs erkrankt; die Vorsteherdrüse eines jeden der Männer war bösartig entartet und damit zu einer tickenden Zeitbombe geworden. Mal bricht die Erkrankung gar nicht oder erst in vielen Jahren aus, mal kommen die Metastasen in wenigen Wochen. Keiner der Männer wollte die Ungewissheit hinnehmen. Sie wollten etwas tun, sie meldeten sich als Testpersonen und ließen sich von ihren Ärzten Blut abnehmen.

Niemals zuvor haben Mediziner das Erbgut so vieler Patienten mit Prostatakrebs so gründlich untersucht: Aus den weißen Blutkörperchen isolierten sie das genetische Material, die DNA, fahndeten nach auffälligen Erbfaktoren, entwarfen die genetischen Profile von insgesamt 2149 Männern und verglichen sie mit Profilen von 1781 gesunden Männern gleichen Alters. Das angesehene *New England Journal of Medicine* vermeldet das Ergebnis auf zehn Seiten, weil es von einer bis dahin nicht vorstellbar großen Erblast kündet: Wer vier verschiedene Risikogene von seinen Eltern geerbt hat, der hat eine fast fünffach erhöhte Wahrscheinlichkeit, dass seine Vorsteherdrüse zu einem Krebsherd mutieren wird.

Die erkrankten Männer macht der Befund zwar nicht mehr

gesund, jedoch können die Väter unter ihnen erfahren, ob sie das bedrohliche Erbe an ihre Kinder gegeben haben. Einen Test auf die Krebsgene haben die Ärzte bereits zum Patent angemeldet und wollen ihn mit einer privaten Firma vermarkten. Da Frauen keine Vorsteherdrüse haben, erkranken sie selbst nicht an dem Leiden. Gleichwohl dürfte der Test sie ebenfalls interessieren, weil auch sie die Risikogene für Prostatakrebs tragen und an Söhne vererben können.

Es vergeht kaum eine Woche, in der Forscher nicht die Entdeckung neuer Krankheitsgene verkünden. Mehr als 300 Forschungsinstitute auf fünf Kontinenten haben, in der bisher weltweit größten Studie dieser Art, das Erbgut von mehr als 100 000 Menschen analysiert – und fünf veränderte Gene als Ursache für die Entstehung von Typ-2-Diabetes mellitus identifiziert.[1] Mediziner von der Technischen Universität München wiederum haben mit Kollegen von 48 Forschungszentren das Erbgut von mehr als 28 000 Menschen europäischer Abstammung gemustert – und wollen auf neun Gene gestoßen sein, die uns anfällig für Vorhofflimmern machen. Wer die Erkrankung hat, dem drohen Herzrasen und Schlaganfall.

Die Suche nach Genen erobert die Medizin. Die treibende Kraft sind die enormen Fortschritte der Labortechnik, fraglos eine Revolution: Das Erbmaterial DNA können Genetiker heutzutage schneller und preisgünstiger entziffern als jemals zuvor. Nach dem Humangenomprojekt, der Entzifferung des menschlichen Erbguts, zu Beginn des neuen Jahrtausends haben Wissenschaftler die Ära der personalisierten Medizin eingeläutet. In Vergleichsstudien wollen sie die Gene für alle erdenklichen Volksleiden finden. Der Ansatz beruht darauf, dass es im Genom Millionen Stellen gibt, die sich von Mensch zu Mensch unterscheiden können. Diese »SNPs« (sprich Snips, für *single nucleotide polymorphisms*) sind wie Wegmarken in den Weiten des Genoms.

Forscher suchen nun in riesigen Reihenuntersuchungen systematisch nach SNPs, die gehäuft bei bestimmten Erkrankungen auftreten. Findet sich ein auffälliges SNP, so die Überlegung der Molekularbiologen, dann müsste in der Nähe dieser Wegmarke ein Gen liegen, das mit der jeweiligen Erkrankung zusammenhängt. Diese mathematischen Häufungen nennen sie »Assoziationen«. Die Erwartung ist, dass auf assoziierten DNA-Abschnitten Gene liegen, die für Volkskrankheiten wie Herzinfarkt, Alzheimer, Krebs und krankhaftes Übergewicht verantwortlich sind. Am Ende könnte man das Erbgut eines beliebigen Menschen testen und ihm mitteilen, welche Assoziationen er hat und inwiefern sie sein persönliches Krankheitsrisiko beeinflussen. Das ist die Vision der personalisierten Medizin: Wenn ein Mensch seine persönliche Erblast erst einmal kennt, dann können Ärzte mit maßgeschneiderter Vorsorge und zielgerichteter Therapie dagegen angehen.

Das Erbgut von Abertausenden Menschen haben die Genforscher bereits durchgesehen, und es sind die Früchte dieser Großanstrengung, die gegenwärtig die medizinischen Fachblätter füllen und den Eindruck erwecken, die Genforscher hätten ihr Heilsversprechen einlösen können. Mehr als 300 DNA-Assoziationen haben sie ausgemacht, die angeblich mit mehr als 70 häufigen Krankheiten zusammenhängen.[2] »Eine erfolgversprechende Methode hält weltweit Einzug in die Labore der Humangenetiker und genetischen Epidemiologen«, sagen Mitarbeiter der Technischen Universität München, die an der Suche nach den Genen für Vorhofflimmern beteiligt sind. »In genomweiten Assoziationsstudien identifizieren sie Gene, die das Risiko für Volkskrankheiten erhö-

hen« – für die Gelehrten »ein Forschungsansatz mit Erfolgs-
garantie«.[3]

Mit Erfolg kann klinischer Nutzen allerdings nicht gemeint
sein, sondern wohl eher die Kunst, das Datenmaterial so lange
zu bearbeiten, bis ein statistisch relevant erscheinender Zusammenhang herauskommen mag. Es ist nur eine Frage der
Mathematik, eine Assoziation herbeizuzaubern, die dann in
der Öffentlichkeit das Gen der Woche abgibt. Ein Blick in Ta-
geszeitungen und Nachrichtenportale offenbart, wie lustvoll
Journalisten mitmachen, wenn es gilt, die vermeintlichen
Fundstücke der Genforscher im Volk bekannt zu machen. So
gibt es angeblich das Gen

> für Herzinfarkt,
> für Übergewicht,
> für unruhige Beine,
> für Legasthenie,
> für lockiges Haar,
> für Haarausfall,
> für vorzeitiges Altern,
> für weiblichen Bauchspeck,
> für Schweißgeruch,
> für Narkolepsie (Schlummersucht),
> für das biologische Altern,
> für Gallensteine,
> für Verfolgungswahn,
> für Transsexualität,
> für Treue,
> für Langzeitgedächtnis,
> für drei Prozent Intelligenz,
> für Starrsinn,
> für schlechtes Autofahren.

Es ist eine Liste, die sich nach einer einfachen Formel verlängern lässt:»X ist ein Gen für Y.« Für das X setzte man einen Abschnitt aus dem menschlichen Erbgut ein; für das Y greife man sich ein Syndrom aus dem Füllhorn der Erkrankungen und Verhaltensweisen heraus, wie etwa Fettsucht, Depression, Untreue, sexuelle Vorlieben, Stressanfälligkeit, Alkoholsucht oder Schizophrenie.

Im Laienpublikum treffen die neuen Erklärungen aus den Laboratorien der Genetiker einen Nerv und scheinen zu bestätigen, was viele Menschen sich schon immer gedacht haben mögen. Eine bekannte TV-Moderatorin und erfolgreiche Autorin führt die kreative Neigung in ihrer Familie auch auf biologische Faktoren zurück. Offenbar»werden die Gene irgendwie doch weitergegeben«, sagt sie in einem Zeitungsinterview und bekräftigt:»Aber ich glaube schon, dass da auch Vererbung dazukommt, dass da bestimmte Talente weitergegeben werden.«[4] In der Sportpsychologie werden Sieg und Niederlage immer häufiger mit angeborenen Eigenschaften erklärt. »Ich habe aber vor dem Spiel gespürt, dass jeder das Sieger-Gen in sich hat«, sagt der Trainer der Fußballnationalmannschaft nach einem wichtigen Sieg.

Gene werden aufgebauscht

Wenn Ihnen bei dem einen oder anderen Beispiel vielleicht doch Zweifel gekommen sein sollten, dann stehen Sie nicht alleine da. Einigen Wissenschaftlern ergeht es ähnlich, und sie haben sich die Mühe gemacht, die ein oder andere Behauptung der Genforscher einmal gründlich zu prüfen. Einer von ihnen arbeitet an der Harvard School of Public Health. Der Mann heißt Peter Kraft. Er verdankt seinen Namen Vorfahren aus Deutschland und hat an der University of Michigan in Ann Arbor Deutsch und Mathematik studiert. An seine Tür hat er das Brecht-Gedicht *Der Zweifler* gehängt. Das passt ausgezeichnet zu der Art und Weise, wie Kraft seinen Beruf als Biostatistiker ausübt. Er weiß nur zu gut, wie man mit Statistik lügen kann – das hat den jungenhaft wirkenden Forscher zum Skeptiker gemacht.

Als er auf der ersten Seite der *New York Times* einen Artikel über die Studie zu den 2149 schwedischen Männern mit Prostatakrebs entdeckte, war das Misstrauen des Peter Kraft geweckt, und er las sich die Originalarbeit im *New England Journal of Medicine* durch.

Dass die Daten redlich erhoben wurden und so weit stimmen, daran mag Kraft gar nicht zweifeln. Aber aufgefallen ist ihm, wie geschickt die Autoren ihre Zahlen präsentieren – damit die von ihnen gefundenen Gene für Prostatakrebs als besonders bedeutsam und bedrohlich erscheinen. Dazu haben sie diejenigen schwedischen Männer, die gar keine der angeblichen Risiko-Gene tragen, ganz bewusst mit jenen Männern verglichen, die vier oder fünf Assoziationen haben. Nur indem sie diese beiden extremen Gruppen miteinander vergleichen, kommen die Forscher auf die Risikoerhöhung um den Faktor vier bis fünf.

Über die Männer mit ein, zwei oder drei Assoziationen breiten sie dagegen den Mantel des Schweigens – dabei fallen die allermeisten Männer in der Normalbevölkerung genau in diese Kategorie. Rund 90 Prozent der männlichen Europäer haben nämlich eine, zwei oder drei dieser Assoziationen – und die Risikounterschiede zwischen diesen Gruppen sind denkbar gering. Umgekehrt macht die angebliche Risikogruppe – also Männer mit vier oder fünf der Genvarianten – gerade einmal zwei Prozent aller untersuchten schwedischen Männer

aus. »Auf die übergroße Mehrheit der Männer trifft das erhöhte Risiko also gar nicht zu«, sagt Peter Kraft.

Die Geschichte von den Prostatakrebs-Genen klingt jetzt
nicht mehr nach einem Report über den Fluch der Biologie,
sondern sie erinnert eher an das Märchen »Des Kaisers neue
Kleider« des dänischen Schriftstellers Hans Christian Ander-
sen. Darin versprechen zwei Betrüger dem Kaiser Gewänder,
die nicht nur wunderschön sind, sondern auch eine geheimnisvolle Eigenschaft haben: Sie seien jedem Menschen unsicht-
bar, der nicht für sein Amt tauge oder unverzeihlich dumm
sei. Der eitle Kaiser verschweigt, dass er die Gewänder gar
nicht sehen kann, weil er nicht als Dummkopf dastehen will.
Ebenso verhalten sich sein alter Minister und andere Unterta-
nen. Am Ende ist es ein Kind, das ausruft: Aber er hat ja gar
nichts an!

Mit Blick auf die X-ist-ein-Gen-für-Y-Forschung werden
jetzt Stimmen laut, die da rufen: An den Befunden ist in Wahrheit ja nichts dran!

Die Kritik richtet sich freilich nicht gegen die Erforschung
der sogenannten monogenen Leiden. Keine Frage, bei ihnen
hängt ein bestimmter Gendefekt eindeutig mit zum Teil schweren Symptomen zusammen. Es gibt mehr als 6000 dieser monogenen Erbkrankheiten, wobei ihre Verbreitung in der Bevölkerung allerdings sehr gering ist.

Nein, die Rufer stoßen sich an den Ergebnissen aus der
Erforschung der sogenannten polygenen Krankheiten; Volksleiden, die mit einer ganzen Fülle von Faktoren zusammenhängen. Die allermeisten Assoziationen, die der Öffentlichkeit
als Krankheitsgene dargeboten werden, entpuppen sich bei
näherer Betrachtung als geschickte und klinisch unbedeu-
tende Hervorbringungen der Statistik. Dass Forscher Risikogene gefunden hätten, die diese Bezeichnung auch verdienen,

beschränkt sich auf Ausnahmen, die man an einer Hand ab-
zählen kann.

Noch einmal: Niemand bestreitet die Rolle der Gene. Bei
den monogenen Leiden führt der Ausfall oder die Mutation
eines bestimmten Gens zum Ausbruch einer Krankheit. Um
diese Erbleiden geht es hier ebenso wenig wie um jene wenigen
Risikogene, die diese Bezeichnung verdienen: *brca1* oder *brca2*
erhöhen das relative Risiko, an Brustkrebs zu erkranken, um
das Drei- bis Siebenfache. Und das *apoe4*-Gen erhöht das Alz-
heimer-Risiko um das 3- bis 15fache.

»Die Forscher gingen davon aus, noch viel mehr Gene mit
einer ähnlich großen Bedeutung zu finden«, sagt Peter Kraft in
seinem Büro und nippt an seinem Kaffee. Stattdessen hätten
sie bloß einen Wust von vielen hundert Assoziationen zusammengetragen, die gerade noch statistisch nachweisbar sind:
Die relative Risikoerhöhung liegt nicht in der Größenordnung
von 10 – sondern meist nur bei 1,1. Diese äußerst schwachen
Assoziationen werden oft als »Gene« bezeichnet, obwohl sie
nur Abschnitte im Erbgut beschreiben, auf denen möglicherweise Gene liegen könnten. Das Hochspielen der mauen Befunde geschieht dann etwa mit dem statistischen Trick, die
winzigen Effekte zu einem großen Effekt zu verrechnen: So
kommt man auf das berüchtigte Gen für Y.

Die Gründe für dieses Aufbauschen lägen auf der Hand,
sagt Peter Kraft mit einem Anflug von Resignation: »Wissenschaftler sind nicht gegen Druck gefeit, ihre Ergebnisse
übertrieben darzustellen, um häufiger zitiert zu werden und
Forschungsgelder einzutreiben.«

Den gleichen Eindruck hat John Ioannidis von der Universitätsklinik im griechischen Ioannina gewonnen. Der schnauz-
bärtige Epidemiologe ist mit allen Wassern der Statistik gewa-
schen, kennt die Rechentricks und kommt so zu erhellenden

Erkenntnissen wie der, warum »die meisten entdeckten Assoziationen aufgeblasen« sind. In einer seiner kritischen Bestandsaufnahmen hat John Ioannidis sämtliche verfügbaren genomweiten Assoziationsstudien zu Herz-Kreislauf-Erkrankungen ausgewertet. Bis zum Stichtag (September 2008) hatten Forscher 95 verschiedene Assoziationen angehäuft. Ioannidis prüfte davon nun jene 28 Zusammenhänge, die statistisch noch am besten abgesichert waren. Es ging um genetische Assoziationen, die Forscher für Herzinfarkt, Arteriosklerose, Körpergewicht, Blutfette, Typ-2-Diabetes mellitus und die Nikotinsucht gefunden haben wollten.

Die Zusammenhänge mochten mathematisch »signifikant« sein – einen praktischen Nutzen haben sie nicht. John Ioannidis drückt es so aus: »Verbesserungen in der Vorhersage, die auf den derzeit verfügbaren Markern beruhen, sind klein, wenn sie denn überhaupt vorhanden sind. Ein klinisches Omen ist noch nicht ausreichend abgesichert. Obwohl man sich über die neuen Möglichkeiten für mehr Entdeckungen begeistern könnte, kann man es gegenwärtig nicht rechtfertigen, diese Marker in der täglichen klinischen Praxis und in der Gesundheitsvorsorge einzusetzen.«

Vor kurzem war es das Kettenraucher-Gen, das Aufsehen erregte. In gleich drei Studien mit mehr als 140 000 Menschen glauben Forscher eine biologische Wurzel für das Qualmen gefunden zu haben: Die Gene würden entscheiden, wie viele Zigaretten sich ein Mensch am Tag ansteckt.[5] Rauchen sei ein »genetisch bedingtes Laster«, »Gene geben den Rauchern den Takt vor«, »Forscher finden Kettenraucher-Gen« und »Gene schuld an Rauchverhalten« – diese und ähnliche Schlagzeilen haben die Runde gemacht. Nachfragen bei einem der beteiligten Wissenschaftler, beim Mediziner Hans-Jörgen Grabe von der Universität Greifswald, ergeben ein anderes Bild. Entscheiden die Gene, ob ein Mensch zum Raucher wird? »Bei aller Liebe«, räumt Grabe ein, »da hat man wohl nichts gefunden.« Was ist mit dem Einfluss der Gene auf die Menge der täglich gerauchten Zigaretten? Hier verweisen die Forscher auf einen »signifikanten« Effekt: Wer zwei bestimmte Genvarianten (von Mutter und Vater) hat, der raucht am Tag 0,75 Zigaretten mehr als ein Mensch mit einer dieser Varianten und 1,5 Zigaretten mehr als ein Mensch ohne »Risiko-Varianten«. Dieses Ergebnis ist ein Witz: Zwei Raucher haben in der Kneippe jeweils zwei Schachteln weggequalmt. Der eine drückt die letzte Kippe aus, der andere hingegen öffnet eine weitere Schachtel, zündet noch Zigarette Nummer 41 an, raucht sie und sagt entschuldigend: »Was sollte ich machen? Ich habe doch dieses blöde Kettenraucher-Gen.«

Auf der Suche nach der fehlenden Erblichkeit

Dass die jeweiligen Assoziationen so gut wie keine praktische Bedeutung für unsere Gesundheit haben, hat zwei Gründe: Zum einen hängen etliche Krankheiten und Eigenschaften mit überraschend vielen biologischen Faktoren zusammen, d. h., mehrere Assoziationen könnten für ein bestimmtes Leiden verantwortlich sein. Bei Morbus Crohn, einer chronisch-entzündlichen Darmerkrankung, glauben Forscher inzwischen mehr als 30 Assoziationen gefunden zu haben, für Typ-2-Diabetes mellitus sind es 20, für die Körpergröße reicht die Zahl mittlerweile an die 50, für die Schizophrenie könnten es Hunderte sein. Doch mit der Zahl der Assoziationen nimmt ihre biologische Bedeutung ab: Je mehr es von ihnen gibt, desto kleiner ist ihre jeweilige Rolle. Umgekehrt steigt die Bedeutung der Umwelt. Auch das zeigt, wie irreführend die Bezeichnung »Krankheitsgene« für diese Assoziationen ist. Im Gegenteil: Sie sind nämlich derart häufig in der Bevölkerung verbreitet, dass die hinter diesen Assoziationen vermuteten Gene wohl eher zur genetischen Normalausstattung des Menschen gehören.

Zweitens können die bisher gefundenen Assoziationen nur einen winzigen Teil der erblichen Veranlagung erklären. Beispiel Fettsucht: Auf der unermüdlichen Suche nach dem vermeintlichen Dickmacher-Gen haben Forscher das Erbgut von Menschen europäischer Abkunft untersucht, und zwar an 350 000 verschiedenen Abschnitten.[6] Das Ergebnis: Zwei Gene (das *fto*-Gen und das *mc4r*-Gen) scheinen in Varianten vorzukommen, die mit einem leicht höheren Körpergewicht zusammenhängen. Wer beide der Varianten trägt, dessen Body-Mass-Index ist statistisch gesehen geringfügig erhöht: um den Wert 1,17. Doch nur ein Prozent der Bevölkerung trägt beide »Risiko-Varianten«. Zusammengenommen erklären das *fto*-Gen und das *mc4r*-Gen weniger als zwei Prozent des erblichen Anteils von Übergewicht.

Nicht aufzutreiben sind die biologischen Faktoren für die Körpergröße. Große Eltern bekommen große Kinder, kleine Eltern bekommen kleine Kinder. Der erbliche Anteil des Körperwuchses liegt bei 80 bis 90 Prozent. Wenn zwischen den größten und kleinsten Mitgliedern einer Gesellschaft dreißig Zentimeter liegen, dann ist die Genetik also für 27 Zentimeter zuständig. Doch die 50 bisher bekannten genetischen Varianten, die mit der Körpergröße zusammenhängen, erklären nur etwa fünf Prozent des genetischen Anteils an der Körpergröße. Womöglich beeinflussen viele tausend genetische Varianten, wie groß ein Mensch wird – von *einem* Gen für Körperwuchs kann also keine Rede sein.

Diese Ergebnisse stehen in einem merkwürdigen Widerspruch zu den Jubelmeldungen über die Entdeckung immer neuer Krankheitsgene, die wir im Wochentakt zu hören bekommen. Doch hinter vorgehaltener Hand wird das Problem der fehlenden Erblichkeit eingeräumt, es treibt viele Genjäger zur Verzweiflung, weil es offenbart, wie sehr sie die Macht der Gene überschätzt haben. Zerknirscht fragen sie sich: Wenn die Gesundheit und das Verhalten des Menschen genetisch vorbestimmt sind, warum finden wir diese Gene dann nicht? In der auf Konferenzen üblichen englischen Sprache ist das Phänomen der fehlenden Erblichkeit schon zu einem geflügelten Wort geworden: *missing heritability problem*.

Gentests ohne klinischen Nutzen

Einer der Wissenschaftler, der den Finger in die Wunde legt, ist der Genetiker David Goldstein von der Duke University in Durham (North Carolina). Der Lockenkopf, der an diesem heißen Apriltag in Flipflops über den Campus läuft, hat selber Studien an tausenden Patienten durchgeführt – und kaum etwas gefunden. »Nachdem wir umfassende Studien zu häufigen Krankheiten gemacht haben, können wir den genetischen Anteil dieser Leiden nur zu ein paar Prozent erklären«, sagt Goldstein, der das Center for Human Genome Variation leitet. Während etliche seiner Kollegen angesichts dieser katastrophalen Bilanz herumdrucksen, redet Genetiker Goldstein Klartext. Das ganze Gewese um die personalisierte Medizin, genetische Risikoprofile und maßgeschneiderte Medikamente sei nichts anderes als Wunschdenken.

In deutlichen Worten warnt Goldstein vor Gentests, die angeblich das allgemeine Risikoprofil ermitteln und mit diesem Angebot verstärkt auf den Massenmarkt drängen. Einer der

Anbieter ist das Unternehmen 23andMe mit Sitz in Kalifornien. Wer der Firma 399 Dollar zahlt, darf eine Speichelprobe einschicken und kann schon wenig später sein genetisches Profil auf einer Internet-Seite einsehen. Das Problem ist nur: Der Test erfasst ebenjene genetischen Assoziationen, deren Aussagekraft so erstaunlich gering ist. Goldstein verzieht das Gesicht. »Für mich ist das reines Entertainment, weil es derzeit aus dem Angebot dieser Genom-Firmen nichts gibt, was ich für klinisch verwendbar hielte«, sagt er und fügt hinzu: »Glauben Sie nur ja nicht, dass Sie mit einem solchen Test etwas tun, das wichtig für Ihre Gesundheit wäre!«

Das Schicksal liegt nicht in den Genen

Im Science-Fiction-Film *Gattaca* aus dem Jahr 1997 entscheidet ein Gentest gleich nach der Geburt über die Zukunft der Menschen. Binnen Sekunden wird das komplette Erbgut eines Kindes entziffert; das Risiko für Dutzende von Anlagen flammt auf einem Bildschirm auf. Nur Menschen mit einwandfreiem Erbgut dürfen sozial aufsteigen. Mittlerweile ist ein Teil der Fiktion Realität geworden: Es ist möglich, das vollständige Erbgut eines Menschen zu entziffern (auch wenn es derzeit noch einige Wochen dauert). Weniger als 100 000 US-Dollar verlangt die Firma Knome in Boston für den Service, den sie von einem Vertragslabor in China ausführen lässt. Anschließend erhalten die Kunden ein silbernes Kästlein mit einen USB-Stick: Auf dem ist die Sequenz des Erbguts gespeichert.

Der amerikanische Schriftsteller Richard Powers hat diese Dienstleistung in Anspruch genommen. Powers findet Genetik spannend und hat sogar einen Roman geschrieben, der

auf einem Glücksgen basiert.[7] Deshalb war der Autor gleich
interessiert und schließlich auch einverstanden, als ihm die
Zeitschrift *GQ* anbot, sein Erbgut Baustein für Baustein entziffern zu lassen und darüber zu schreiben. Doch kaum erhielt
Powers erste Informationen zu seinem Genom, kam er an Ungereimtheiten und Widersprüchen gar nicht mehr vorbei. Auf
seinem Erbgut finden sich zum Beispiel mehr als ein Dutzend
genetischer Assoziationen, die angeblich die Wahrscheinlichkeit für Fettleibigkeit erhöhen. Richard Powers wundert sich:
»Mein ganzes Leben lang habe ich einen Body-Mass-Index
von um die 19 gehabt, gerade an der Grenze zum Unterge-
wicht, und ich kann essen, so viel ich will, und werde trotzdem
nicht dick. In meiner Familie haben sie mich immer das
Strichmännchen genannt. Offenbar steckt die Untersuchung
der Rolle von Umwelteinflüssen noch ganz in den Anfängen.«[8]

Was die Aussagekraft der Gene angeht, tun sich zwischen
der Vision im Zukunftsthriller *Gattaca* und den biologischen
Fakten himmelweite Unterschiede auf. Das Schicksal steht
nicht in den Sternen, aber eben auch nicht in den Genen. Das
hat Craig Venter ebenfalls erfahren, jener amerikanische Biochemiker und Unternehmer, der sein Genom sozusagen im
Selbstversuch entziffert hat. Manche Experten lesen aus Ven-
ters Genom ein *erhöhtes* Risiko für »asoziales Verhalten« heraus, weil er eine bestimmte Variante des Monoaminoxidase-
Gens trägt. Andere Genetiker freilich deuten den Befund ganz
anders: Demnach *senkt* das Gen das Risiko für asoziales Verhalten.

Analysen des Genoms sind so aussagekräftig wie Kristall-
kugeln zum Wahrsagen. Kritische Genetiker haben das Erbgut
von fünf Individuen an die kalifornischen Gentest-Firmen
23andMe und Navigenics geschickt und die jeweiligen Ergebnisse verglichen.[9] Obwohl die Proben jeweils von ein und der-

selben Person stammen, ergaben die Gentests häufig völlig unterschiedliche Risiken: Nicht einmal zur Hälfte stimmten die Vorhersagen für sieben der insgesamt 13 untersuchten Erkrankungen überein. Beim Risiko für Schuppenflechte waren die Abweichungen besonders eklatant: Eine der Testpersonen bekam von der Firma 23andMe ein relatives Risiko von 4,02 bescheinigt, während Navigenics einen Wert von 1,25 ermittelte – ein mehr als dreifacher Unterschied!

Da verwundert es kaum, dass manche der Genjäger die eigenen Befunde für sich selbst gar nicht gelten lassen wollen. Ein Gen für Einfühlungsvermögen will die Psychologin Sarina Rodrigues von der Oregon State University in Corvallis entdeckt haben.[10] Sie hat 200 Studentinnen und Studenten Fotos von Gesichtern vorgelegt und sie gebeten, jeweils den Gemütszustand zu lesen. Dies ist ein psychologischer Test, um das Einfühlungsvermögen zu messen. Des Weiteren ließ Rodrigues die Testpersonen Fragebögen ausfüllen. Schließlich wertete sie alle Daten aus und legte fest, welche der 200 Teilnehmer sich gut in andere hineinversetzen konnten, also empathisch waren, und welche eher als kaltherzig gelten konnten.

Sodann untersuchte Rodrigues das Erbgut der Probanden. Es gibt demnach zwischen den Gruppen genetische Unterschiede im Stoffwechsel des körpereigenen Hormons Oxytocin. Das ist der Stoff, der für gute Stimmung sorgt und soziale Beziehungen regelt. Wenn eine Mutter ihr Baby schreien hört, dann schüttet sie Oxytocin aus. Das führt zum Milcheinschuss und flutet ein Gefühl der Wonne durch die stillende Frau. Zudem spielt Oxytocin eine Rolle für die großen Gefühle wie Liebe, Vertrauen und Gelassenheit. Die wohlige Wirkung wird über den Oxytocin-Rezeptor vermittelt – und dieses Gen war es, das die Psychologin Rodrigues untersucht hat. Das Gen kommt in der Bevölkerung in drei Kombinationen vor – AA,

AG oder GG –, und Rodrigues wollte wissen, ob die jeweiligen Varianten mit dem Einfühlungsvermögen und der Kaltherzigkeit der Testpersonen zusammenhingen.

Generell waren die weiblichen Testpersonen einfühlsamer als die männlichen, aber auch Unterschiede in der erblichen Rezeptor-Ausstattung spielen Rodrigues zufolge eine Rolle. Man habe bei den Frauen wie auch bei den Männern jeweils »erhebliche Unterschiede gefunden, die auf der genetischen Variation beruhen«, sagt sie über ihre Ergebnisse, die sie im angesehenen Wissenschaftsjournal *Proceedings of the National Academy of Sciences* veröffentlichen konnte. Laut der Studie sind Menschen mit den Varianten AA und AG von Natur aus kaltherzig. Wer dagegen mit einer GG-Variante gesegnet ist, der kann die Gefühlsregungen der Mitmenschen viel besser erspüren.

Rodrigues ließ ihr eigenes Blut ebenfalls untersuchen, und vielleicht hätte sie diesen Selbstversuch bleibenlassen sollen – sie selbst gehört nämlich in die Kategorie der Kaltherzigen. Es lässt nun tief blicken, dass die Genforscherin dieses wenig schmeichelhafte Ergebnis für sich nicht gelten lassen will. In einer wirren Pressemitteilung streicht sie einerseits die Bedeutung ihrer Ergebnisse für andere Menschen heraus und distanziert sich andererseits von ihrem persönlichen Befund. Sie trage zwar keinen GG-Rezeptor, sagt Rodrigues, aber: »Ich denke schon, dass ich ein sehr fürsorglicher Mensch bin, der viel Einfühlungsvermögen für andere besitzt.«[11] Die Aussage ist bemerkenswert. Nicht nur, weil die Wissenschaftlerin ihre eigene Forschung konterkariert, sondern auch weil sie preisgibt, was sie denkt: Gene sind kein Schicksal.

Molekularbiologen und Genforscher stellen es nach außen hin gern anders dar und verstricken sich in eine aberwitzige Suche nach den biologischen Wurzeln aller nur erdenklichen

Leiden und Verhaltensweisen. Die einseitige Ausrichtung spiegelt sich auch in der Forschungspolitik wider. Wissenschaftler, die beispielsweise die »harten« genetischen Ursachen von Gewalt erforschen wollen, erhalten viel leichter und deutlich mehr Fördergelder als Kollegen, die eher die »weichen« Umwelteinflüsse erforschen möchten. Schon vor einiger Zeit haben die Autoren Ruth Hubbard und Elijah Wald geschrieben: »Es ist in Mode gekommen, nach genetischen Erklärungen für Gesundheit und Krankheit zu schauen.« Der Glaube, alles sei durch die Biologie vorbestimmt, der genetische Determinismus, macht sich in der Folge auch im Volk breit. Hubbard und Wald konstatieren: »Obwohl viele dieser Gene wie Trugbilder verschwinden, wenn man versucht, sie näher zu betrachten, ist eine Verwirrung um die Behauptungen und Gegenbehauptungen zwangsläufig. Es gibt so viele Geschichten, dass die Leute den Eindruck gewinnen: Die Gene kontrollieren alles.«[12]

Alles unter genetischer Kontrolle? Das muss nicht einmal stimmen, wenn ein Mensch an einer Erbkrankheit leidet. Stellen wir uns zwei fünf Jahre alte Kinder vor, deren Gen für das Enzym Phenylalaninhydroxylase mutiert ist und nicht mehr normal arbeitet. Aus diesem Grund können die Kinder die Aminosäure Phenylalanin nicht mehr chemisch umwandeln und aus dem Körper entfernen. Phenylalanin ist zwar ein lebenswichtiger Stoff, jedoch nur in kleinen Mengen. In dauerhaft erhöhten Dosen wirkt er wie ein Gift, vor allem im heranwachsenden Körper.

Nehmen wir an, bei einem der Fünfjährigen wurde das angeborene Leiden nicht entdeckt. Das Kind hat einen verkleinerten Kopf, leidet unter schweren geistigen Ausfällen und zeigt psychotisches Verhalten. Bei dem anderen Kind dagegen hat man die Mutation durch das Neugeborenenscreening frühzeitig gefunden und den Knaben fortan an spezielle Nahrung gegeben, die nur ganz wenig Phenylalanin enthält: Dieses Kind gedeiht im normalen Bereich.

Es sind mithin soziale Faktoren, die über das Schicksal der erbkranken Jungen entscheiden: Kümmern sich Ärzte darum, dass das Neugeborenenscreening durchgeführt wird? Sind die Eltern in der Lage, das Kind konsequent mit Lebensmitteln zu ernähren, die besonders wenig Phenylalanin enthalten?

Aus einer identischen genetischen Ausstattung können Menschen mit völlig unterschiedlichen Erscheinungsbildern entstehen. Was in den Genen geschrieben steht, diese Abfolge aus den DNA-Bausteinen Adenin, Thymin, Cytosin, Guanin, bestimmt unser Leben in weit geringerem Maße, als wir annehmen. Aus diesem Grund hat auch das Humangenomprojekt, die Entzifferung des kompletten Erbguts des Menschen, nicht erklären können, warum Menschen so sind, wie sie sind.

Es ist nicht nur wichtig, was in den Genen geschrieben steht. Es kommt ganz entscheidend darauf an, wie die Gene abgelesen werden – und das können wir beeinflussen.

Kapitel 2
Schlaue Zellen – wie Erfahrungen
unsere Gene prägen

Im kanadischen Montreal gibt es einen Ort, an dem Mediziner die Gehirne von Menschen aufbewahren, die Suizid verübt haben: die in einem Krankenhaus untergebrachte Quebec Suicide Brain Bank. Vor einiger Zeit haben sich hier der Nervenarzt Michael Meaney und der Pharmakologe Moshe Szyf von der örtlichen McGill University gemeldet, weil sie Kontakt zu Familien der Selbstmörder aufnehmen wollten. Ihrer Bitte wurde entsprochen, und so bekamen die Hinterbliebenen folgendes Anliegen zu hören:

Meaney und Szyf wollten aus den eingelagerten Gehirnen jeweils ein paar Gramm Gewebe aus dem Hippocampus herausschneiden, jener Struktur, in der Eindrücke aus der Außenwelt verarbeitet und ins Langzeitgedächtnis abgelegt werden. Zum anderen wollten sie eine psychologische Autopsie durchführen: die Angehörigen befragen und auf diese Weise versuchen, die Geschichten der Toten zu recherchieren, um zu verstehen, was sie in den Tod getrieben hat. Das Ansinnen war mehr als delikat, denn Meaney und Szyf ging es um einen Verdacht: Menschen, die als Kind vernachlässigt oder missbraucht werden, tragen biologische Spuren in den Nervenzellen davon, die sie anfällig machen für Depressionen und Selbstmord.

Ein Dutzend der Familien willigte ein.

Die Idee, dass Vernachlässigung die Gene im Gehirn verändert, ist dem Nervenarzt Meaney gekommen, als er das Verhalten von Laborratten studierte. Ähnlich wie Menschen pflegen die Nagetiere durchaus unterschiedliche Erziehungsstile. Manche Mütter umhegen ihre Babys besonders liebevoll und lecken ihnen ausgiebig das Fell, was dem Streicheln und Kuscheln beim Menschen entspricht. Wenn die weiblichen dieser Kuschel-Rattenkinder heranwachsen und selber Nachwuchs haben, sind sie ihrerseits besonders fürsorglich und lecken ihre Babys ausgiebig.

In manchen Ratten-Familien dagegen geht es ohne Liebe zu: Die Mütter lecken ihre Babys kaum. Wenn sich die weiblichen Kinder aus dem Wurf später fortpflanzen, werden sie ihrerseits zu lieblosen Müttern, die ihre Kinder nicht lecken.

Das Verhalten der Mutter nimmt auch Einfluss darauf, wie gut die Kinder später im Leben mit Stress fertig werden. Rattenbabys, die in den ersten zehn Lebenstagen von der Mutter ausgiebig geleckt und gepflegt wurden, sind später im Leben entspannt und gelassen. Wenn man sie beispielsweise zwanzig Minuten lang in ein schmales Plastikröhrchen steckt, dann schütten sie kaum Stresshormone aus. Diese Stressfestigkeit geben die weiblichen Kuschel-Ratten an ihre Kinder weiter.

Ganz anders entwickeln sich die Kinder liebloser Mütter. Sie sind ängstliche Erwachsene, die sich in der stillsten Ecke des Käfigs verkriechen. Steckt man sie in die enge Röhre, schütten sie viel mehr Stresshormone aus als die Kuschel-Ratten. Und wenn sich die weiblichen Tiere fortpflanzen, geben sie das Erbe weiter: Ihre Sprösslinge können Stress ebenfalls nicht ertragen.

Die Verhaltensunterschiede sind groß und werden in den jeweiligen Sippen der Nagetiere weitergegeben. Aus diesem Grund haben Forscher sie zunächst auf biologische Unterschiede zurückgeführt. Um die betreffenden Gene für die jeweiligen Erziehungsstile zu finden, überlegten sich Michael

Meaney und seine Kollegin Darlene Francis Adoptionsexperimente.[1] Sie nahmen ein, zwei Babys aus dem Wurf einer lieblosen Mutter und gaben sie in den Wurf einer liebevollen Mama: Sowohl weibliche wie auch männliche Adoptivbabys wuchsen in der neuen Familie zu Erwachsenen heran, die genauso entspannt auf Stress reagierten wie ihre Geschwister, die genetisch von der liebevollen Mutter stammten. Auch wurden leibliche Töchter kaltherziger Mütter ihrerseits zu liebevollen Müttern, sofern sie von einer kuscheligen Mama adoptiert worden waren.

Die gute mütterliche Fürsorge und Stressfestigkeit werden also gar nicht von Genen weitergegeben. Nur, welche Art der Übertragung ist dann am Werk?

Michael Meaney hätte eigentlich jederzeit mit Moshe Szyf über die geheimnisvolle Frage reden können, da beide an derselben Universität forschten. Allerdings arbeiteten sie in verschiedenen Instituten und liefen sich jahrelang nicht über den Weg. Erst im fernen Madrid kamen die beiden Gelehrten aus Montreal ins Gespräch, als sie zufällig dieselbe Konferenz besuchten. Einen besseren Zuhörer als Szyf hätte Meaney sich kaum aussuchen können. Von Haus aus Pharmakologe, suchte Szyf damals nach neuartigen Substanzen zur Behandlung von Krebs. Und dabei war er auf ein merkwürdiges Phänomen gestoßen: In bestimmten Fällen bricht Krebs aus, weil die Steuerung der Gene verändert ist.

Methylierung – ein Abfallprodukt der Natur?

Szyf war ein biochemisches Detail aufgefallen, dem er größte Bedeutung beimaß. Manche Gene in den Tumorzellen trugen kleine chemische Kappen: sogenannte Methylgruppen. Durch diese Methylierung werden die betreffenden Gene in der Zelle ausgeschaltet, das war damals bekannt. Dieses Ausschalten bestimmter Gene müsse etwas mit dem Ausbruch von Krebs zu tun haben, davon war Szyf schon früh überzeugt. Seinem damaligen Professor durfte er damit aber nicht kommen. Die von Szyf auf Krebszellen entdeckte Methylierung tat der Chef ab: Die Methylierung sei nichts als ein »Abfallprodukt der Natur«.

Bis vor wenigen Jahren hielten Biologen die Methylierung für ein Phänomen, das ausschließlich in der frühesten Phase des Lebens eine Rolle spielt. Wenn der Samenfaden in die Eizelle eindringt und der Embryo entsteht, dann sind in den Zellkernen fast alle Methylgruppen entfernt – in diesem Zustand gleichen die Zellen unbeschriebenen Blättern. Doch während der Körper heranreift, werden in den entstehenden Geweben bestimmte Gene ganz gezielt methyliert und auf diese Weise ausgeschaltet. Nur so kann das Wunder der Differenzierung gelingen. Manche Zellen werden zu Nervenzellen, andere zu Leberzellen, wieder andere zu Herzzellen – und das, obwohl sie alle das gleiche Erbgut haben. Keine Zauberhand regelt dieses Heranreifen, sondern eine molekulare Maschinerie für Methylgruppen.

Eine Methylgruppe kann nur an einen der vier DNA-Bausteine angehängt werden: an das Cytosin. Man könnte das Anheften einer winzigen Methylgruppe an den viel größeren DNA-Baustein Cytosin für eine unwesentliche Modifikation halten. Doch weit gefehlt: Durch die Methylierung kann sich entscheiden, ob ein Gen abgelesen wird oder nicht. Der Kölner Genetiker Walter Dörfler erklärt es seinen Studenten an einem Beispiel aus der Sprache: Das Wort »Achtung« verkehrt sich durch eine kleine Modifikation ins Gegenteil: in »Ächtung«.

Die Folgen können enorm sein. Wenn man die Ziffern der

DNA mit einer Aneinanderreihung von Buchstaben vergleicht ...

i chwei s sn ic htwassol lesbe deu tendas sichsotrau rigbi nein mä r chenau suralte nzeite ndaskommt mirn ichtau sdemsin n.dielu ftistkü hlundesdu nkeltun druhigflies std e rrh eindergi pfeld esbergesfu nkelt,ima bend son nens cheind ieschö nstejungfr ausitzetdorto ben wun d erbarihrgold'nesgesch meideblitz etsiekäm mtihrgo ldenesha arsiekäm mtesmitgo lden emkam me.un dsing teinli ed dabe idashat einewun dersa me,gew alt'gemel odei. denschiff erimklein ensc hiffe ergr eiftesmit wilde mwe herschau t nich tdi efels enrif fe,ersch autnu rhina uf in dieHöh'ich gla ubedi ewel lenvers chlin gen amen deschif ferun dkahn undd ashat mitih rem sin gend ielore leyg etan.

... dann ist es die gezielte Methylierung, die daraus eine Abfolge macht ...

Ich weiß nicht, was soll es bedeuten,
Daß ich so traurig bin,
Ein Märchen aus uralten Zeiten,
Das kommt mir nicht aus dem Sinn.
Die Luft ist kühl und es dunkelt,
Und ruhig fließt der Rhein;
Der Gipfel des Berges funkelt,
Im Abendsonnenschein.

Die schönste Jungfrau sitzet
Dort oben wunderbar,
Ihr gold'nes Geschmeide blitzet,
Sie kämmt ihr goldenes Haar,
Sie kämmt es mit goldenem Kamme,
Und singt ein Lied dabei;
Das hat eine wundersame,
Gewalt'ge Melodei.

Den Schiffer im kleinen Schiffe,
Ergreift es mit wildem Weh;
Er schaut nicht die Felsenriffe,
Er schaut nur hinauf in die Höh'.
Ich glaube, die Wellen verschlingen
Am Ende Schiffer und Kahn,
Und das hat mit ihrem Singen,
Die Loreley getan.

… die einen Sinn ergibt (hier am Beispiel von Heinrich Heines Loreley). Die Abfolge der Buchstaben ist nicht verändert worden.

Die Methylierung kann dem Erbgut also einen bestimmten Sinn geben, ohne dass die Abfolge der vier DNA-Buchstaben, der klassische genetische Code mit seinen Bauanleitungen für Proteine, verändert werden muss. Neben dem genetischen Code gibt es eine übergeordnete Ebene von Informationen: die Epigenetik. Die epigenetische (über den Genen liegende) Vererbung beschreibt zelluläre Informationen außerhalb der DNA-Sequenz. Die epigenetischen Muster werden an die Tochterzellen weitergegeben, wenn sich eine Körperzelle teilt. Gleichwohl ist diese Prägung nicht besonders fest, weil sie durch äußere Einflüsse verändert werden kann.

Diese epigenetischen Mechanismen waren es, die Moshe Szyf unermüdlich an Krebszellen erforschte. Unter seinen Kollegen in der Biologie hat ihn diese Faszination lange Zeit zum Außenseiter gemacht. Es galt der fatalistische Blick auf die Gene: Der von den Eltern geerbte genetische Code, der sich aus der DNA-Sequenz ergibt, sei entscheidend. Nach der embryonalen Phase werde die Methylierung in den ausgereiften Körperzellen nicht mehr verändert.

Szyf freilich hörte nicht auf, dieses Dogma in Frage zu stellen – und fand in seiner Zufallsbekanntschaft Michael Meaney in Madrid einen gefesselten Zuhörer. War die Methylierung der geheimnisvolle Mechanismus, der die mütterliche Fürsorge und die Stressresistenz auf die Rattenbabys übertrug? Meaney und Szyf vereinbarten eine Zusammenarbeit.

Zurück in Montreal, kamen sie schnell überein, die Stressantwort des Körpers näher zu untersuchen. Wenn ein Mensch oder ein Versuchstier eine Bedrohung spürt, dann verständigen bestimmte Teile des Gehirns den Hypothalamus, eine mandelförmige Struktur tief im Denkorgan. Der Hypothalamus sendet über die Hypophyse chemische Signale an die Nebennieren, die daraufhin Stresshormone (Glucocorticoide) ausschütten: Das schärft die Sinne, wir können angemessen auf die Gefahr reagieren.

Die Stresshormone wirken aber auch zurück auf das Gehirn. Sie binden sich dort an bestimmte Andockstellen (Rezeptoren) und bremsen auf diese Weise die Aktivität des Hypothalamus. Diese Rückkoppelung ist gut und wichtig, weil sie den Körper vor einer zu langen Stressantwort bewahrt.

In den von lieblosen Ratten aufgezogenen Babys schien diese Rückkoppelung nicht mehr recht zu funktionieren: Ihr Hypothalamus lässt sich nicht bremsen und pumpt unermüdlich weiter Signale für Stresshormone in den Körper. Kein Wunder, dass die Tiere so ängstlich und schreckhaft sind.

Meaney und Szyf fragten sich, ob die gestörte Stressantwort vielleicht mit den Andockstellen (den Stresshormon-Rezeptoren) im Gehirn zu tun hatte. Aus diesem Grund untersuchten sie das Gen für den Rezeptor – und fanden daran tatsächlich veränderte Methylierungen.

In den Hirnzellen der Kuschel-Ratten war das Gen für den Stresshormon-Rezeptor aktiv. Es wurden deshalb viele Rezep-

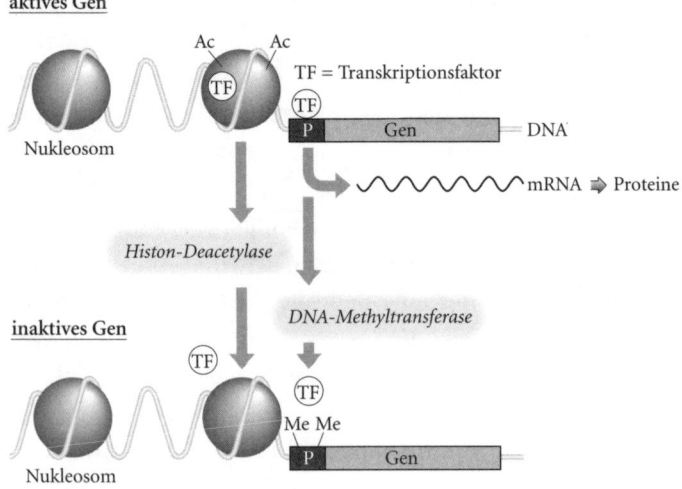

Das Anhängen von Methylgruppen (Me) und das Entfernen von Acetylgruppen (Ac) beeinflusst, ob ein bestimmtes Gen in Proteine überschrieben wird oder nicht.

Abbildung 1: Epigenetischer Schalter

toren hergestellt, die Rückkoppelung funktionierte reibungslos, die Stressantwort konnte gedämpft werden.

Bei Kindern von kaltherzigen Müttern war es umgekehrt. Ihr Gen für den Stresshormon-Rezeptor war methyliert und damit ausgeschaltet. Es fehlten Rezeptoren, die Rückkoppelung war gestört, die Stressantwort konnte nicht abgebaut werden. Die verstärkte Methylierung des Rezeptor-Gens im Gehirn ist wie eine molekulare Narbe und macht ihre Träger anfällig für Stress.

»Das bedeutet«, sagt Michael Meaney, »diese Zellen können sich in einer Art und Weise verändern, die niemand vorhergesehen hat.«

Neben der Methylierung haben die Forscher eine weitere epigenetische Veränderung entdeckt, und zwar das Anhängen und Entfernen von Acetylgruppen. Diese Art der Modifikation hat mit der Verpackung des genetischen Materials zu tun: Die DNA in jeder Zelle unseres Körpers gleicht einer zwei Meter langen Schnur. Damit die DNA-Fäden überhaupt in den Zellkern passen, sind sie um winzig kleine Verpackungsproteine (Histone) gewickelt. Je dichter ein bestimmter DNA-Abschnitt eingepackt ist, desto schlechter können die auf diesem Abschnitt liegenden Gene abgelesen werden. Das Anhängen von Acetylgruppen ist nun ein Mechanismus, der die Verpackung der DNA lockert, so dass die Gene besser abgelesen werden können.[2]

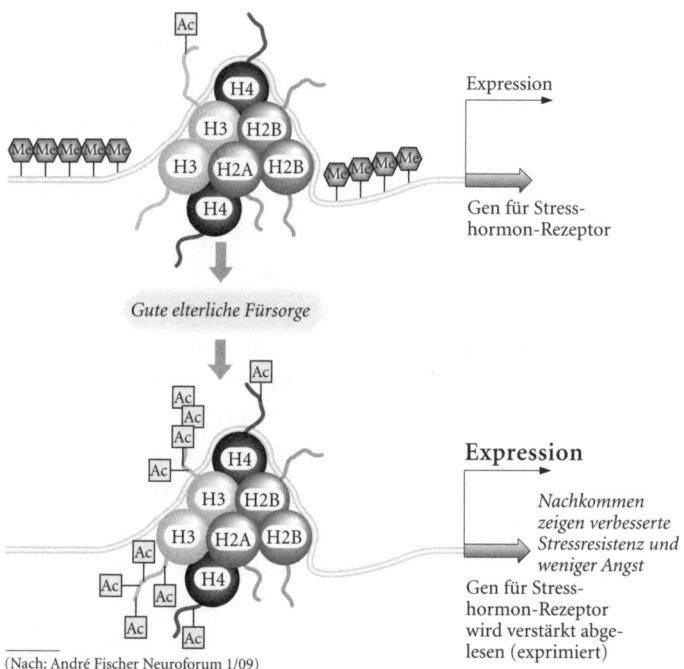

(Nach: André Fischer Neuroforum 1/09)

Abbildung 2: Zuwendung steuert die Gene

Genau das haben die Forscher bei Kuschel-Ratten gefunden. In den Kernen ihrer Nervenzellen ist ein bestimmtes Verpackungsprotein verstärkt acetyliert – wodurch das Gen für den Stresshormon-Rezeptor besonders gut abgelesen werden kann und viele Rezeptoren für die heilsame Rückkoppelung entstehen.

Soziale Vernachlässigung verändert jedoch nicht nur das Gen für den Stresshormon-Rezeptor. Nein, auch an vielen anderen Stellen im Erbgut bleiben biologische Spuren zurück. Eine davon haben Wissenschaftler des Max-Planck-Instituts für Psychiatrie in München entdeckt, nachdem sie Mäusebabys nach der Geburt vorübergehend von den Müttern getrennt hatten.[3] Der Schock veränderte dauerhaft das Verhalten der Tiere, wie die Forscher in Tests erkannten: Die betroffenen Mäuse gehen nicht gut mit anstrengenden Situationen um, sie sind ohne Antrieb und haben ein schlechteres Gedächtnis als normale Artgenossen.

Die Erfahrung, von der Mutter getrennt zu werden, hatte dem Erbgut der Kinder einen Stempel aufgedrückt, der auch ein Jahr später noch deutlich zu erkennen war: In Nervenzellen des Hypothalamus war jenes Gen methyliert, das den Gehalt des körpereigenen Hormons Vasopressin kontrolliert. Vasopressin ist ebenfalls für die Stressantwort wichtig sowie für das soziale Verhalten. Aufgrund der Methylierung haben die traumatisierten Mäuse jedoch derart viel Vasopressin im Gehirn, dass sie sich nicht mehr normal verhalten können.

»Unsere Studie dokumentiert, wie sich Umwelteinflüsse über epigenetische Mechanismen auf der molekularen Ebene unseres Genoms niederschlagen. Früh erlittene schwere Belastung kann die Entwicklung krankmachender Prozesse einleiten, die sich später in Angsterkrankungen und Depression manifestieren«, sagt Florian Holsboer, Direktor des Max-Planck-Instituts für Psychiatrie. »Das Verständnis dieser epigenetischen Kodierung wird zum zukünftigen Schlüssel neuer Behandlungsstrategien.«

Doch die vorangestellten Erkenntnisse stammen von Ratten und Mäusen – leiden Menschen in ähnlicher Weise unter belastenden Erfahrungen? Diese Frage war es, die Meaney und Szyf die Gehirne der Selbstmörder untersuchen ließ. Die Forscher kamen an die Daten von zwölf Männern aus der Provinz Quebec, die in einem durchschnittlichen Alter von 34 Jahren ihrem Leben ein gewaltsames Ende gesetzt hatten. Sie alle waren als Kinder misshandelt oder missbraucht worden.

Pathologen entnahmen den Hippocampus aus den Gehirnen, zerschnitten das nur wenige Zentimeter lange Areal, steckten die weißlichen Stücke in durchsichtige Plastikgefäße und kühlten diese auf minus 80 Grad Celsius. Ebenso verfuhren die Wissenschaftler mit den Gehirnen von zwölf Unfallopfern, die sie zur Kontrolle untersuchten. Diese Männer hatten eine unbeschwerte Kindheit und Jugend verlebt und waren im durchschnittlichen Alter von 36 Jahren verunglückt.

Die anschließenden Analysen bestätigten die Vermutung von Meaney und Szyf: Im Vergleich zu den Unfallopfern waren die Gene in Hirnzellen der Selbstmörder auffällig verändert. Das Gen für den Stresshormon-Rezeptor war verstärkt methyliert und somit ausgeschaltet. Die Rückkoppelung, um die Stressantwort nach Belastungssituationen auf ein verträgliches Maß zu senken, war gestört.

»Die Erlebnisse in früher Kindheit markieren das Gehirn«, sagt Szyf. »Diese Markierung bleibt bestehen und kann irgendwann etwas Krankhaftes bewirken. In den von uns untersuchten Fällen ist es der Selbstmord.«

Die von Szyf und Meaney gewonnenen Erkenntnisse gehen über die Frage des Missbrauchs hinaus. Sie lassen das gesamte Wechselspiel von Umwelt, Genen und Verhalten in einem neuen Licht erscheinen. Gefühle und Gedanken, Erfahrungen und Erlebnisse, zwischenmenschliche Beziehungen und soziale Faktoren wirken auf unsere Gene und können deren Steuerung verändern – dahinter verbirgt sich eine der bedeutendsten Entdeckungen der Biologie: Die Epigenetik stellt das seit langem gesuchte Scharnier dar, über das die Umwelt auf unsere Erbanlagen wirkt.

Jahrhundertelang haben Naturforscher und Philosophen gestritten, was den Menschen stärker prägt: seine biologische Natur – oder die äußeren Einflüsse? Diese Frage ist nun entschieden. Gene und Umwelt stehen sich gar nicht unvereinbar gegenüber. Es gibt gar kein Duell. Das Dogma, die Gene kontrollierten die Biologie, ist falsch. Die Umwelt und die Gene bedingen einander und wirken stets im Zusammenspiel. Äußere Einflüsse drücken dem Erbgut ihren Stempel auf. Das ändert alles.

Die epigenetische Prägung wird von den Zellen auf die Tochterzellen weitergegeben – unser Körper hat ein Gedächtnis. Erfahrungen und der Lebensstil hinterlassen Spuren im Zellkern – die Menschen schreiben ihr Leben lang an ihren molekularen Memoiren. Gleichwohl lassen sich Episoden löschen, verändern, umschreiben und korrigieren. Die epigenetische Prägung muss nicht für den Rest des Lebens gelten, sondern wir können sie ändern. Sowohl die Methylierung als auch die Acetylierung sind umkehrbare chemische Reaktionen.

Die Adoptionsstudien mit den Ratten, die jeweils von einer hartherzigen leiblichen Mutter zu einer liebevollen Adoptivmutter kamen, deuten es an: Die guten Einflüsse aus der neuen

Umgebung können Prägungen aus der alten Umwelt gleichsam überschreiben und ungeschehen machen.

Eine ähnliche Umkehrung haben die Forscher mit einem pharmakologischen Wirkstoff erzielen können, und zwar mit Trichostatin A. Diese Substanz führt zu einer Acetylierung von Histonen, was wiederum eine verringerte Methylierung bewirkt: Gene können besser abgelesen werden. Zumindest im Experiment hat Trichostatin A wie eine Medizin gegen traumatische Erlebnisse der Kindheit gewirkt. Die Forscher ließen Ratten bei lieblosen Müttern aufwachsen, so dass sie im Erwachsenenaltern ängstlich waren und anfällig für Stress. Einem Teil dieser verstörten Nager verabreichten Moshe Szyf und seine Kollegen das Trichostatin A.

Alle Ratten mussten anschließend einen »Cocktailparty-Test« absolvieren, erzählt Szyf. Die Ratten wurden in eine Kiste gelassen: Die Tiere, die kein Trichostatin A bekommen hatten, drückten sich an den Seiten herum. Anders benahmen sich die Ratten, die mit der Substanz behandelt worden waren. Sie hielten sich in der Mitte der Box auf und waren als Partygäste genauso entspannt und gesellig wie Kuschel-Ratten von liebevollen Müttern.

»Dieser Befund belegt eindrucksvoll die Umkehrbarkeit der frühkindlich bewirkten Verhaltensweisen durch pharmakologische Modulation des Epigenoms im Erwachsenenalter« – so beschreibt es Szyf in einer Fachzeitschrift.[4] Wenn er die Ergebnisse auf Kongressen vorträgt, drückt er sie viel emotionaler aus: Nach einer verkorksten Kindheit sei »nichts für immer besiegelt«, ruft er fast beschwörend und fügt hinzu: »Da ist Hoffnung!«

Erfahrung wird vererbt

Die Gene sind wunderbar wandelbar – diese Erkenntnis der Epigenetiker ist revolutionär. Lange lautete ein Lehrsatz der Biologie, nur Mutationen im genetischen Code könnten neue Eigenschaften hervorbringen. Diese zufälligen Mutationen führen dem britischen Naturforscher Charles Darwin (1809–1882) zufolge zu unterschiedlichen Merkmalen und biologischen Arten. Nun hat sich gezeigt: Neben dieser »harten« Vererbung gibt es noch eine »weiche« Vererbung – erworbene Eigenschaften können weitergegeben werden. Der französische Botaniker und Zoologe Jean-Baptiste de Lamarck (1744–1829) ging davon aus, der lange Hals der Giraffe entstehe, weil sich das Tier nach den Blättern auf den Bäumen streckt. Den dabei erworbenen langen Hals vererbe die Giraffe dann an ihre Kinder. Dieser Lamarckismus findet so zwischen den Generationen zwar nicht statt, der lange Hals wird nicht vererbt.

Anders sieht es jedoch aus, wenn man die Körperzellen betrachtet. Tatsächlich werden sie durch kulturelle Einflüsse und Erfahrungen epigenetisch verändert und geben diese Prägungen, wenn sie sich teilen und vermehren, an die Tochterzellen weiter. Die Zellen in unserem Körper sind schlau. Sie lernen aus Erfahrung.

Moshe Szyfs führende Rolle, das alte Dogma zu überwinden, ist kein Zufall. Der Mann, dessen Vorfahren aus Deutschland stammen, ist ein in der Wolle gefärbter Pharmakologe. Zugleich ist er ein tiefgläubiger Jude, der jeden Morgen betet und im Labor die Kippa trägt. Schon zu Beginn seiner Studien wollte er sich nicht in eine Schublade stecken lassen, sondern hat einen Brückenschlag zwischen den Kulturen angestrebt. Zunächst hat Szyf Philosophie studiert, dann nahm er die Genetik hinzu. »Die Geistes- und Naturwissenschaften sind vollständig getrennt, beinahe so, als ob Geist und Körper sich nichts zu sagen hätten«, sagt Szyf. »Meine Arbeit verbindet die Geisteswissenschaften und die Naturwissenschaften, weil sie offenbart, wie die nichtphysische Umwelt unsere Gene beeinflusst.« Es ist eine neue, eine revolutionäre Sichtweise, allemal für einen der führenden Genetiker. Szyf sagt: »Menschen kann man nicht auf eine einzige Zelle reduzieren, und wir können Menschen nicht von ihrer Umwelt trennen.«

Gene und Umwelt unterhalten sich

Doch genau diesen Irrtum begehen jene, die Gene als allmächtige Befehlshaber verstehen. Denn das Erbgut ist formbar und führt einen ständigen Dialog mit der Umwelt. Seine epigenetischen Markierungen durchleben einen beständigen Wandel. Das Entziffern des Erbguts kann diese Wandelbarkeit gar nicht erfassen, weil es nur eine Momentaufnahme liefert; einen Schnappschuss, der zwar den genetischen Code offenbart, jedoch nicht verrät, wie dieser gestern abgelesen wurde und morgen abgelesen werden wird, inwiefern die Gene überhaupt aktiv waren, sind und sein werden.

Das Erbgut besteht eigentlich auch nicht nur aus vier Bausteinen, sondern aus deren fünf. Neben Adenin, Thymin, Guanin und Cytosin gehört ein fünfter Baustein dazu: das methylierte Cytosin. Doch diesen Baustein hatten die Forscher gar nicht erfasst, als sie großspurig erklärten, das Erbgut des Menschen sei vollständig entziffert. Im Humangenomprojekt »wurde das fünfte Nukleotid, 5-mC, in der menschlichen DNA ›übersehen‹. Damit fehlen für die Forscher, die an der Funktion dieser DNA-Modifikation interessiert sind, wesentliche 20 % der Genominformation.«[5]

Im Humanen Epigenomprojekt soll das Versäumnis zwar nachgeholt werden, indem man auch die methylierten Basenpaare identifiziert. Jedoch bleibt das grundsätzliche Problem: Eine DNA-Entzifferung ist eine Momentaufnahme und kann die Dynamik des Erbguts nicht erfassen. Das Erbgut ist sozusagen immer in Bewegung, äußere Faktoren verändern es fortwährend. Nicht nur nichtphysische Faktoren wie Gefühle und Erfahrungen wirken auf die Gene, sondern auch fassbare Dinge wie Schadstoffe und Substanzen aus der Nahrung.

Du bist, was du isst

Der Einfluss der Nahrung ist bei Honigbienen besonders eindrucksvoll. Sie sind genetisch identisch und sehen im frühen Larvenstadium noch alle gleich aus. Den meisten Larven flößen die Ammen einen Brei aus Honig und Pollen ein – sie verwandeln sich in sterile Arbeitsbienen. Einige wenige Larven dagegen werden mit Gelée royale gefüttert – sie reifen zu fruchtbaren Königinnen heran. Es sind epigenetische Effekte, die da am Werk sind. Der Honig-Pollen-Brei führt offenbar zu einer besonders starken Methylierung – und damit zum Abschalten bestimmter Entwicklungsgene: Die Larve wird zur Arbeitsbiene.

Ein ebenso anschauliches Beispiel hat der Biologe Randy Jirtle vom Duke University Medical Center gefunden, und zwar an schwangeren Mäusen.[6] Aufgrund einer Erbkrankheit waren die Tiere übergewichtig und anfällig für Diabetes und Krebs. Einigen von ihnen verabreichte Jirtle normales Futter, anderen Mäusen mischte er Ergänzungsstoffe wie Folsäure, Vitamin B12, Betain und Cholin ins Futter. Als die Mäusebabys auf die Welt kamen, konnte Jirtle sie zunächst nicht voneinander unterscheiden, weil sie alle gleich aussahen. Jedoch änderte sich das nach einiger Zeit. Die einen Babys wurden dick, kränklich und hatten gelbliches Fell; die anderen wurden dünn, gesund und hatten dunkles Fell – und das, obwohl diese Tiere (durch spezielle Züchtung) genetisch identisch waren.

Die unterschiedlichen Erscheinungsbilder gehen allein auf die Nahrungszusätze zurück – diese haben den Bann der Gene gebrochen. Folsäure, Vitamin B12, Betain und Cholin enthalten allesamt Methylgruppen. Über die Mutter sind die Nahrungsbestandteile in die ungeborenen Mäuse gelangt und haben dort ein bestimmtes Gen (das Agouti-Gen) methyliert, das die Fellfarbe und auch das Fressverhalten steuert. Auf diese Weise konnten Jirtle und sein Kollege Robert Waterland Mäuse in verschiedenen Übergangsformen züchten: Je mehr Nahrungszusätze sie den Müttern verabreichten, desto dunkler und schlanker wurden die Nachkommen.

In anderen Fütterungsversuchen setzte Jirtle weiblichen Mäusen Genistein vor.[7] Dieses in der Sojabohne vorkommende Phytoöstrogen gab es zwei Wochen vor der Begattung sowie während der Schwangerschaft und der Stillzeit. Abermals waren unter den heranwachsenden Mäusen Unterschiede zu sehen, und wieder gab das Futter den Ausschlag. Die Kinder von Müttern, die mit normaler Kost ernährt worden waren, hatten keine erhöhte Methylierung am Agouti-Gen und waren zumeist gelb und fett. Anders die Kinder der mit Genistein gepäppelten Mütter: Ihr Agouti-Gen war besonders stark methyliert, was sich in ihrem Erscheinungsbild widerspiegelte. Sie waren häufig dunkel und im Durchschnitt nur halb so schwer wie die gelben Mäuse.

Der Einfluss des Pflanzenhormons Genistein auf das Erbgut

Abbildung 3: Unterschiedliche Nahrung führt zu unterschiedlichen Erscheinungsbildern
Quelle: Randy Jirtle

Die Mäuse sind genetisch identisch. Die Mutter des dunklen Tiers hat in der Schwangerschaft Nahrung erhalten, die besonders viele Methylgruppen enthält.

dürfte auch bei Menschen eine Rolle spielen und könnte zum Beispiel erklären, warum Asiaten, die besonders viel Produkte aus der Sojabohne verzehren, seltener an Brust- und Prostatakrebs erkranken.

»Nahrung soll eure Medizin und Medizin eure Nahrung sein« – diesen 2400 Jahre alten Satz des griechischen Arztes Hippokrates könnte man bestens auf die epigenetischen Effekte beziehen.

Aus einem Ei und doch nicht gleich

So wie die Sonne das Gesicht eines Seemanns gerbt, so hinterlässt auch das Leben seine Spuren in den Genen. Auf diese Weise spiegelt sich bei allen Menschen ihr Leben in den Molekülen des Zellkerns. So einzigartig das Leben eines Individuums verläuft, so einzigartig sind diese Spuren im Erbgut. Sie erklären, wie es sein kann, dass eineiige Zwillinge in puncto Persönlichkeit und Gesundheit so unterschiedlich sein können. Seit 50 Jahren rätseln Epidemiologen, warum etwa Leiden wie Multiple Sklerose, Typ-1-Diabetes mellitus oder Schizophrenie beim einen Zwilling ausbrechen, den anderen aber verschonen. Manel Esteller vom spanischen Nationalen Krebszentrum hat das Erbgut von vierzig eineiigen Zwillingspaaren im Alter von 3 bis 74 Jahren analysiert und nach Unterschieden in der Methylierung und Acetylierung gesucht.[8] Das Ergebnis: Die jungen Zwillingspaare trugen noch ähnliche epigenetische Muster. Unter älteren Paaren dagegen gab es merkliche Unterschiede.

Diese Unterschiede fanden sich verteilt über das ganze Genom und hatten einen großen Einfluss darauf, wie Gene abgelesen werden. Je älter die Zwillinge waren, je weniger Zeit sie gemeinsam in der gleichen Umwelt verbracht hatten und je unterschiedlicher ihre Lebensstile waren, desto größer waren die Abweichungen in ihren epigenetischen Mustern. Ob ein Mensch sich körperlich bewegt, Wurst oder Gemüse isst, das alles hinterlässt Spuren, die erstaunlich schnell auftauchen können. Manel Esteller erklärt: »Wenn ein Zwilling anfängt zu rauchen, Drogen nimmt oder in eine Gegend mit größerer Luftverschmutzung zieht, selbst nur für ein Jahr, dann kann das epigenetische Profil deutlich voneinander abweichen. Das ist sehr dynamisch.«[9]

Unsere Gene können theoretisch zwei extreme Zustände annehmen. Sie können entweder gar nicht methyliert oder vollständig methyliert sein. »Das Leben«, sagt Moshe Szyf, »liegt irgendwo dazwischen.« Wo es sich einpendelt, das können wir durch unseren Lebensstil beeinflussen. Dem genetischen Determinismus zufolge waren unsere Geschicke biologisch vorbestimmt. Doch jetzt hat die Forschung die gegenläufigen Erkenntnis gewonnen: Wir sind verantwortlich für unsere Gene.

Kapitel 3
Der erste Kampf der Geschlechter

Vor einigen Jahren ist in Niedersachsen ein merkwürdiger Junge auf die Welt gekommen. Peter hat schlaffe Arme und Beine und lässt das Köpfchen hängen. An der Brust seiner Mutter trinkt er kaum, umso ausgiebiger schläft er die Nächte und Tage durch. Doch viele Monate später verwandelt er sich. Plötzlich ist Peter körperlich viel reger und hat einen unbändigen Hunger. Zur Freude der Eltern setzt er erstmals Fettpolster an, ansonsten jedoch will er nicht gedeihen. Seine Bewegungen sind ungelenk und verzögert, er artikuliert undeutlich.

Im Alter von drei Jahren bekommt Peter eine Schwester. Paula ist ebenfalls ein apathischer und appetitloser Säugling – der sich, wie einst Peter, eines Tages in ein ewig hungriges Kleinkind verwandelt. Je älter der Bruder und die Schwester werden, desto stärker treten ihre besonderen Merkmale hervor. Paula und Peter sind klein und dick. Die Köpfe sind auffällig schmal. Peter und Paula sind geistig zurückgeblieben. Die Mutter liebt die Kinder, so wie sie sind. Der Vater ist enttäuscht. Die Verwandten auf seiner Seite hadern – und machen der Mutter einen bösen Vorwurf: Sie habe »schlechte« Gene in die Familie gebracht.

Die Vorwürfe und Schuldgefühle lassen der Mutter keine Ruhe. Sie entschließt sich, der rätselhaften Erkrankung von Peter und Paula auf den Grund zu gehen. Sie rennt jahrelang von Arzt zu Arzt, bis sie endlich den entscheidenen Tipp bekommt. Sie fährt nach Essen zum Institut für Genetik im Universitätsklinikum.

Bernhard Horsthemke ist betroffen und gefesselt, als er die Geschichte von Paula und Peter hört. Betroffen, weil die Verwandten auf der väterlichen Seite die Mutter für die Behinderung der Kinder verantwortlich machen. Gefesselt, weil die Symptome der Kinder genau auf ein rätselhaftes Leiden passen, das den Genetiker schon immer interessiert hat. Je mehr er über die Kinder hört, desto sicherer ist er: Die Geschwister leiden unter dem Prader-Willi-Syndrom, einer nach zwei Schweizer Ärzten benannten Störung des Zentralnervensystems, die zumeist auftritt, weil auf einem Chromosom 15 ein DNA-Abschnitt fehlt.

Dabei wäre das Fehlen eines DNA-Abschnitts normalerweise nicht unbedingt ein Problem. Von den Geschlechtschromosomen einmal abgesehen ist im Erbgut ja alles in zweifacher Ausfertigung vorhanden. Von einem Gen hat man üblicherweise eine Kopie vom Vater geerbt und eine von der Mutter.

Der besagte Abschnitt auf Chromosom 15 ist jedoch eine Ausnahme, weil er der genomischen Prägung unterliegt. Dieses auch Imprinting genannte Phänomen betrifft nur wenige Stellen im Erbgut und hat oft zur Folge: Ein von der Mutter geerbtes Gen ist normalerweise ausgeschaltet und nur das väterliche Gegenstück aktiv. Geht nun diese einzige aktive Kopie auch noch verloren, etwa aufgrund eines zufälligen Fehlers bei der Zellteilung, dann gibt es für sie keinen Ersatz. Wenn dies alles auf Chromosom 15 geschieht, dann kommt es zum Prader-Willi-Syndrom.

Biologische Vorgänge sind störungsanfällig, und so geht auch der betreffende DNA-Abschnitt auf Chromosom 15 im-

Abbildung 4: Eugenia Martinez Vallejo

Eugenia Martinez Vallejo wurde 1680 vom spanischen Maler Juan Carreño Miranda porträtiert. Sie hatte vermutlich das Prader-Willi-Syndrom. Als das Gemälde entstand, war sie sechs Jahre alt und in der Phase der Hyperphagie. Sie wog etwa 54 Kilogramm. Die kurze Statur, die mandelförmigen Augen, der schmale dreieckige Mund und die kleinen Händchen deuten ebenfalls auf das Prader-Willi-Syndrom.

mer wieder mal verloren, wenn Samenfäden heranreifen. Statistisch gesehen kommt eines von 10 000 Babys mit dem Prader-Willi-Syndrom auf die Welt. Damit zählt es zu den zehn häufigsten angeborenen Leiden. Allerdings ist es rein statistisch äußerst unwahrscheinlich, dass das Syndrom in einer Familie zweimal auftaucht. »Diese Familie ist so etwas wie eine blaue Mauritius«, sagt Bernhard Horsthemke. An einen Zufall jedenfalls will er nicht glauben, der Genetiker ahnt: die Doppelerkrankung von Peter und Paula beruht auf einer noch unbekannten Ursache. Horsthemke macht sich daran, im Blut der Kinder nach der Antwort zu suchen.[1]

Prägefehler in den Genen

Die Vermutungen des Genetikers wird bestätigt. Peter und Paula haben das Prader-Willi-Syndrom, aber sie sind ganz anders als alle Kinder mit der Erkrankung, die er selbst je untersucht hat oder von denen er durch Kollegen gehört hat. Den sonst üblichen Verlust eines bestimmten DNA-Abschnitts kann Horsthemke bei den Geschwistern nicht feststellen, ganz im Gegenteil: Die fraglichen DNA-Abschnitte auf Chromosom 15 sind in zweifacher Ausfertigung vorhanden. Allerdings ist nicht nur eine Ausfertigung methyliert (der Normalfall), sondern *beide* und damit ausgeschaltet. Dieser Prägefehler ist es, der das normale Gedeihen von Peter und Paula verhindert hat.

Das andere Extrem gibt es auch, Horsthemke und seine Kollegen finden es in anderen Analysen in einer Familie mit einer elf Jahre alten Tochter und einem sieben Jahre alten Sohn. Bei ihnen sind die DNA-Abschnitte auf Chromosom 15 ebenfalls vollständig erhalten, aber keiner von ihnen ist methyliert: Sowohl die mütterlichen wie auch die väterlichen

Normal

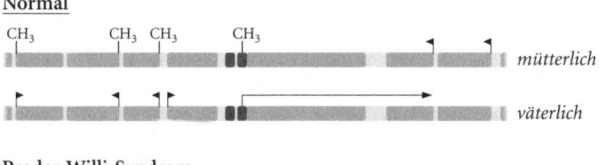

Prader-Willi-Syndrom

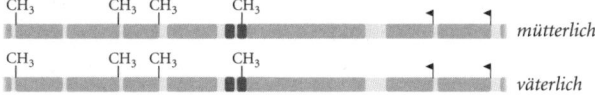

Angelman-Syndrom

Auf einem bestimmten Abschnitt auf Chromosom 15 ist normalerweise die mütterliche Kopie methyliert und damit ausgeschaltet. Wenn dieses Imprinting durch Prägefehler gestört wird, erkrankt der Mensch. Die Sequenz der Gene bleibt unverändert, entscheidend ist die epigenetische Prägung.

Abbildung 5: Krank durch falsche Epigenetik
Quelle: Horsthemke/Advances in Genetics 2008

Gene sind aus diesem Grund dauerhaft angeschaltet – mit dramatischen Folgen für die Gesundheit. Die beiden Kinder zeigen die Symptome des nach einem englischen Arzt benannten Angelman-Syndroms: Sie sind geistig stark behindert und von bemerkenswerter Fröhlichkeit. Die Kinder leben in ihrer eigenen glücklichen Welt.

Die Geschichten dieser Familien zeigen zweierlei: Erstens leiden sie an Erkrankungen, obwohl ihre DNA-Sequenz gar nicht verändert, d. h. mutiert ist. Die Kinder sind krank, weil die Steuerung ihrer Gene gestört ist. Zum Zweiten führen unterschiedliche Fehlprägungen zu unterschiedlichen Syndromen.

Die normale genomische Prägung, das Imprinting, betrifft mindestens 40 bis 60 Gene des Menschen. Je nachdem von welchem Elternteil die Gene kommen, wird jeweils eine Kopie ausgeschaltet. Aus evolutionärer Sicht erscheint es widersinnig, von zwei gesunden Genen eines abzustellen. Kein Pilot eines zweimotorigen Flugzeugs käme auf die Idee, eines seiner Triebwerke ohne Not auszuschalten. Warum aber geschieht dies gleichsam zu Beginn des Lebens? Warum unterliegen in einem Menschen etliche Gene diesem Imprinting?

Tauziehen im Mutterleib

Es gibt wohl keinen Wissenschaftler auf der Welt, der diese Frage besser beantworten kann als der Biologe David Haig. Sein Büro befindet sich im amerikanischen Cambridge, in einem Bau aus roten Backsteinen, der das Museum für Naturkunde der Harvard University beherbergt. Während unten Besucher den ausgestopften australischen Beutelwolf bestaunen und den präparierten Hammerhai in der weltberühmten Ausstellung bewundern, sitzt der bärtige Gelehrte ein Stockwerk darüber vor einem riesigen Bücherregal, blättert in wissenschaftlichen Aufsätzen (darunter Arbeiten des Genetikers Bernard Horsthemke aus Essen) und brütet über den ungelösten Fragen seines Fachs. Das Problem des Imprinting hat Haig besonders beschäftigt – inzwischen glaubt er es gelöst zu haben.

Aus Haigs Sicht spiegelt sich im Imprinting ein Kampf der Geschlechter. Die genomische Prägung hält der Biologe für eine Waffe in einem evolutionären Konflikt zwischen der Mutter und dem Vater. Die beiden mögen einvernehmlich ein Kind gezeugt haben, doch verfolgen sie unterschiedliche Interessen. Aus evolutionärer Sicht investiert der Vater denkbar wenig in den Nachwuchs: nur ein einziges Spermium. Der Vater will einen möglichst feisten Fötus, weil dieser besonders gute Überlebenschancen hat. Aus diesem Grund werden väterliche Gene, die das Kind im Mutterleib gut wachsen lassen, in der natürlichen Selektion begünstigt und im Embryo aktiv. Dass dies zu Lasten der Mutter geht, die das dicke Baby ja im Mutterleib versorgen muss, ist dem Mann in evolutionärer Hinsicht egal – er kann noch andere Partnerinnen finden.

Die Mutter dagegen investiert viel mehr in das Baby, schließlich hält sie es mit Nährstoffen in ihrem Bauch am Leben. Das zwingt sie zu einer Güterabwägung. Auf der einen Seite möchte auch sie ein großes und kräftiges Kind haben, weil das dessen Überlebenschancen erhöht. Auf der anderen Seite darf sie nicht zu viel in dieses eine Kind investieren, weil sie sich noch um andere Kinder kümmern muss und ihre eigene Gesundheit nicht riskieren darf. Aus diesen Gründen versucht die Mutter einen Mittelweg. Sie investiert nicht zu viel.

Ausgetragen wird der Konflikt in den Zellen des Embryos, und zwar auf Ebene der Gene.

»Da findet ein regelrechtes Tauziehen statt«, erklärt David Haig. Die Kontrahenten sind Gene, die das Wachstum begünstigen. Jene Kopien dieser Gene, die vom Vater kommen, sind nicht methyliert und damit angeschaltet: Das Baby möge wachsen! Die Kopien dieser Gene, die von der Mutter kommen, sind dagegen methyliert und damit stillgelegt: Das Baby möge sich mäßigen!

Ein Beispiel für diesen Konflikt ist das Gen für den Wachstumsfaktor IGF2, von dem der Embryo eine mütterliche und eine väterliche Kopie trägt. In Menschen und anderen Säugetieren ist normalerweise nur die väterliche Version aktiviert.

Doch manchmal ist auch das mütterliche *igf2*-Gen angeschaltet: Beim Menschen hat das betroffene Kind ein um 50 Prozent erhöhtes Geburtsgewicht. Ist dagegen nicht nur das mütterliche, sondern auch das väterliche *igf2*-Gen methyliert und damit ausgeschaltet, dann ist das Kind ein Leichtgewicht. Eine Ausnahme sind die Schnabeltiere. Sie sind zwar Säugetiere, legen jedoch Eier und haben keine Plazenta. Der Streit um die Ressourcen im Mutterleib entfällt also – und deshalb unterliegt das *igf2*-Gen bei Schnabeltieren nicht dem Imprinting.

Vom Kostverächter zum Vielfraß

Das Verhalten von Kindern wie Paula und Peter steht ebenfalls im Einklang mit diesen evolutionären Zusammenhängen. Bei ihnen waren die betreffenden väterlichen Gene auf Chromosom 15 methyliert und damit abgeschaltet: Die Kinder sind deshalb Kostverächter, nicht nur im Mutterleib verlangen sie wenig Nahrung, sondern auch in den ersten Lebensmonaten, was die mütterlichen Ressourcen (Muttermilch) schont. Manche Neugeborene mit Prader-Willi-Syndrom sind derart schlechte Esser, dass sie künstlich ernährt werden müssen.

Im Alter von etwa zwei bis drei Jahren schlägt das Verhalten ins andere Extrem um. Viele Kinder mit Prader-Willi-Syndrom entwickeln plötzlich einen unheimlichen Appetit. Ihre Teller essen sie eigentlich immer leer. Später in der Kindheit neigen sie zu Völlerei und suchen in ihrer Umgebung systematisch nach Essbarem. Im Unterschied zu gesunden Altersgenossen sind sie alles andere als wählerisch. Wenn keine anderen Nahrungsmittel verfügbar sind, verschlingen sie in ihrem verzweifelten Hunger selbst Essensabfälle aus dem Müll oder nehmen Fleisch und andere Nahrungsmittel direkt aus der

Tiefkühltruhe und lutschen daran. Der Biologe David Haig hat eine Erklärung für das Gebaren: Der Wandel vom Kostverächter zum nimmersatten Nachwuchs geschieht just in jener Lebensphase, in der ein Kind natürlicherweise abgestillt wird. Der Mutter kann der zu diesem Zeitpunkt ausbrechende Hunger nur recht sein, weil sie dem Kind keine Muttermilch mehr geben muss.

Das Imprinting prägt unsere Persönlichkeit

Mittlerweile haben Forscher bei vermutlich 40 bis 60 Genen des Menschen das Imprinting nachweisen können, womöglich sind aber Hunderte Erbanlagen betroffen. Je nachdem, wie der Kampf der Geschlechter ausgeht, kann das Körpergewicht eines gesunden Kindes um zehn Prozent schwanken. Und weil die betreffenden Gene im Gehirn vorkommen, beeinflusst das jeweilige Imprinting-Muster eines Menschen sein Denken und Handeln. David Haig sagt: »Es würde mich nicht wundern, wenn sich das Imprinting von Genen auf das Sozialverhalten auswirkt.« Das würde bedeuten: In den embryonalen Zellen entscheidet der Ringkampf zwischen den mütterlichen und väterlichen Genen mit über die spätere Persönlichkeit eines Kindes, etwa ob es eher verschlossen ist oder extrovertiert.

In den meisten Fällen geht der Kampf wohl einigermaßen unentschieden aus – das Verhalten des Kindes bildet sich im Spektrum des Normalen aus. Manchmal dagegen gewinnt eine der Parteien die Überhand – das Verhalten kann in den Bereich des Krankhaften hineinreichen.

Als dem Biologen Bernard Crespi von der Simon Fraser University im kanadischen Burnaby vor einiger Zeit die Bedeutung des Imprinting klar wurde, gab er seiner Karriere eine

neue Richtung. Bis dahin war Crespi dafür bekannt, das Sozialverhalten von Insekten zu studieren. Seit seinem Erwe-
ckungserlebnis mit dem Imprinting hat er sich in die Psychologie und Psychiatrie eingearbeitet. In England war es der
Soziologe Christopher Badcock von der London School of
Economics, der einen ganz ähnlichen Moment der Erleuch-
tung erlebte und anfing, den Einfluss des Imprinting auf den
Menschen zu erforschen. Crespi las einen Aufsatz von Bad-
cock und schickte ihm eine Notiz – es war der Beginn einer
Zusammenarbeit, die zu einer ganz neuen Sicht auf psychische
Erkrankungen geführt hat: Seelische Leiden haben demnach
weniger damit zu tun, welche Gene man geerbt hat oder nicht.
Viel wichtiger erscheint, wie diese Gene gesteuert sind. Welche
Gene sind auf »an« geschaltet, welche auf »aus«?

Die Fragen entscheiden sich, sobald der Samenfaden in die
Eizelle dringt und das Ringen zwischen den mütterlichen und
väterlichen Genen beginnt. Der Geschlechterkampf, glauben
nun Crespi und Badcock, »könnte eine Schlüsselrolle spielen,
ob im Gehirn des Sprösslings ein Gleichgewicht oder ein Un-
gleichgewicht entsteht«.[2] Fällt der Kampf deutlich zugunsten des Vaters aus, dann neigt das sich entwickelnde Gehirn
zum autistischen Spektrum. Das Kind ist vergleichsweise an-
spruchsvoll und geht wenig auf die Mutter ein. Eher ist es an
Objekten, Mustern und mechanischen Dingen interessiert, was
generell zu Lasten der sozialen Fähigkeiten geht. Tatsächlich
haben autistische Menschen eine verstärkte Aktivität von *igf2*-
Genen, also ein Imprinting zugunsten des Vaters.

Geht der Konflikt für die Mutter aus, dann tendiert das
wachsende Gehirn eher zum psychotischen Spektrum. Das
Kind ist klein, sanftmütig, verständnisvoll – und damit für die
Mutter leicht zu erziehen. Bei allzu starker Prägung kann die
Rücksicht jedoch krankhafte Züge annehmen. Das Kind ist

starken Stimmungsschwankungen ausgesetzt und hat ein höheres Risiko, später im Leben an bipolaren Störungen zu erkranken.

Autismus und Schizophrenie sind demnach keine getrennten Krankheiten, sondern sie sind miteinander verbunden und liegen wie Antagonisten an den Enden eines Spektrums. Dazu passen die entgegengesetzten Symptome: hier die Einfalt des Autisten, da die Zwiespältigkeit des psychotischen Menschen.

Das Spannende an dieser Hypothese ist, dass sie den Einfluss der Gene auf unser seelisches Wohlbefinden neu bewertet. Schon in den Zellen des Embryos sind es demnach äußere Faktoren, die dem Erbgut einen Stempel aufdrücken. Je nachdem, ob eine bestimmte Region auf dem Erbgut aktiv ist oder stillgelegt, führt das zu unterschiedlichen und sogar entgegengesetzten Verhaltensweisen. In den meisten Fällen ist die vorgeburtliche Prägung aber nicht extrem: Die seelische Verfassung liegt im Bereich des Normalen.

Peter und Paula, die Geschwister aus Niedersachsen, haben dagegen einen extremen Prägefehler auf dem Chromosom 15 und aus diesem Grund das besondere Aussehen und Verhalten: die kurze Statur, die Leibesfülle, die geistige Behinderung. Während die Mutter die Kinder so nahm, wie sie kamen, wollte sich der Vater nicht mit ihnen abfinden. Die Verwandten auf seiner Seite haben der Mutter sogar Vorhaltungen gemacht. Es war ein in jeder Hinsicht entsetzlicher Vorwurf – und war er überhaupt zutreffend? Der Genetiker Bernhard Horsthemke hat die Antwort gefunden, nachdem er das Erbgut einer Großmutter von Peter und Paula untersucht hatte: Die Oma väterlicherseits hatte einen äußerst seltenen genetischen Defekt, der das normale Imprinting verhindert, und sie hat diesen Defekt auf ihren Sohn (den Vater von Paula und

Peter) weitergegeben. Er stellt aus diesem Grund Samenfäden her, die kein Imprinting machen können.

Als die Mutter von Peter und Paula von diesen Zusammenhängen erfuhr, war sie endlich von ihren Schuldgefühlen befreit.

Kapitel 4
Angeboren, aber nicht vererbt

Auf den ersten Blick könnte man Heide und Lisa für Zwillinge halten. Sie haben blaugraue Augen, sie tragen die braunen Haare nach hinten und sind knapp 1,60 Meter groß.

Doch ansonsten haben die beiden Schwestern wenig gemein. Die 19 Jahre alte Heide und die 20 Jahre alte Lisa sind nicht blutsverwandt und nur durch Zufall in derselben Familie aufgewachsen. Jeweils wenige Wochen nach der Geburt wurden sie von einem Ehepaar im westfälischen Soest aufgenommen und adoptiert.

Die Eltern Maria und Gerhard, beide Mitte fünfzig, konnten keine eigenen Kinder kriegen. Deshalb bemühten sie sich damals um Adoptivkinder, und mit der Ankunft der beiden Babys schien sich der große Traum zu erfüllen, erzählt Maria.[1] Sie sagt: »Endlich hatten wir eine Familie.« Sie kümmert sich um die beiden Töchter und führt den Haushalt, der Vater arbeitet als Professor für Maschinenbau. Er kommt oft früh heim, weil er sich auf die Töchter freut.

Lisa, die Ältere, blühte von Anfang an auf. Jetzt hat sie das Abitur bestanden, studiert Medizin und möchte vielleicht einmal Kinderärztin werden.

Ganz anders dagegen Heide. Die Mutter erzählt: »Sie war ein ängstliches Baby und eckte schon im Kindergarten an. Heide war unruhig und laut.« Als Teenager kam sie im Unterricht kaum mit. Sie schwänzte die Schule und hing mit Punkern am Bahnhof herum. Schließlich ist sie auf ein besonderes Kolleg für Menschen mit Lernstörungen gekommen.

Es sind aber weniger die Leistungen in der Schule und der schlechte Umgang, die die Eltern bekümmern. Viel stärker haben sie mit Heides Gefühlsschwankungen zu kämpfen. Sie kann charmant sein, aber verliert häufig von einer Sekunde auf die andere die Kontrolle und beschimpft haltlos ihre Eltern!

Diese versuchen die Tiraden äußerlich gelassen zu ertragen, aber ihre Verzweiflung ist in den zurückliegenden Jahren immer schlimmer geworden. Sie konnten sich den Unterschied zwischen ihren Töchtern nicht erklären. Hatten sie Heide nicht genauso liebevoll wie Lisa aufgenommen? Beide Töchter stammen aus schwierigen Verhältnissen und waren von den Behörden gleich nach der Geburt zur Adoption freigegeben worden.

Im Mutterleib vergiftet

Als Mitarbeiter des Jugendamts ihnen die kleine Heide übergaben, hatten sie die künftigen Adoptiveltern noch beruhigt: Dem Säugling fehle nichts. Doch nach einer jahrelangen Odyssee von Therapeut zu Therapeut haben die Eltern allen Grund, an den damaligen Versicherungen zu zweifeln. Heide kam offenbar behindert auf die Welt; noch im Leib ihrer Mutter wurde ihr Gehirn durch Alkohol dauerhaft geschädigt. »Embryofetales Alkoholsyndrom« lautet die Erkrankung, die ein Arzt vor zwei Jahren festgestellt hat.

Durch eigene Recherchen fanden die Eltern heraus: Als es damals darum ging, das Baby zu vermitteln, haben Mitarbeiter des zuständigen Jugendamts Soest offenbar nicht die ganze Wahrheit erzählt. Im Dezember 1989, nur einen Monat nach Heides Geburt, hatte eine Sachbearbeiterin in einer internen Aktennotiz ein Alkoholproblem vermerkt: Die leibliche Mutter habe die Schwangerschaft erst im vierten Monat festgestellt und »gab an, täglich betrunken gewesen zu sein, und deswegen erfolgte ihre Einweisung in das Landeskrankenhaus Eickelborn«.

Von diesem brisanten Eintrag hätten sie damals kein Sterbenswörtchen zu hören bekommen, sagen Maria und Gerhard. Erst als sie nachforschten, hätten sie von der Alkoholkrankheit der leiblichen Mutter erfahren – da lebte Heide bereits 17 Jahre bei ihnen. »Wir fühlen uns betrogen«, sagt Gerhard im Rückblick. Und Maria fügt hinzu: »Wenn die uns damals ehrlich gesagt hätten, das Kind ist geistig behindert, dann hätten wir uns das nicht zugetraut. Wir hätten die Heide nicht adoptiert.«

Diese Geschichte ist nur ein Teil einer unglaublichen Tragödie. Allein in Deutschland kommen jedes Jahr 4000 Babys auf die Welt, deren Gehirn erheblich durch Alkohol geschädigt ist. Oftmals wirken die Kinder so, als seien sie mit einer merkwürdigen Erbkrankheit auf die Welt gekommen. Ihr Leiden ist angeboren, jedoch nicht genetisch vorbestimmt. Die betroffenen Kinder haben keine Mutationen, sondern sie verfügen über ein normales Erbgut und hätten sich gesund entwickeln können – wären sie nicht im Mutterleib regelrecht vergiftet worden.

Die betroffenen Kinder gehören zu den schwächsten Mitgliedern der Gesellschaft. Sie sind gesundheitlich schwer gezeichnet und werden in Familien geboren, in denen die Eltern massive Alkoholprobleme haben. Auch die Behörden stellt das vor gewaltige Herausforderungen. Sie müssen für die Kinder einen Heimplatz finden oder eine neue Familie – das ist die gesellschaftliche Dimension. Tragisch ist auch, wie wenig über das embryofetale Alkoholsyndrom bekannt ist. Die meisten Kinder bleiben zunächst ohne klare Diagnose und werden von den Behörden in Pflege- oder Adoptivfamilien gegeben – denen die gesundheitlichen Einschränkungen des Kindes zu diesem Zeitpunkt jedoch gar nicht bewusst sind.

Etlichen Familien geht es wie Maria und Gerhard aus Soest: Sie wollen ausdrücklich ein gesundes Kind adoptieren – und nehmen unwissentlich ein schwer eingeschränktes Kind auf, um das sie sich für den Rest des Lebens kümmern werden. Gedankt wird den Eltern diese – zumindest zu Beginn nicht ganz freiwillige – Nächstenliebe nicht. Weil viele der betroffenen Kinder noch gar keine Diagnose haben und vor dem Gesetz als gesund gelten, erhalten die Eltern keine therapeutische oder finanzielle Unterstützung.

Dafür gibt es die genervten Blicke und spitzen Bemerkungen der anderen: Nachbarn und sonstige außenstehende Menschen ahnen nichts von den dramatischen Umständen – und halten die Eltern von Kindern mit embryofetalem Alkoholsyndrom für unfähig und überfordert.

In der Unkenntnis liegt die unglaubliche Tragik – ohne Alkohol in der Schwangerschaft gäbe es die Erkrankung gar nicht. So aber ist das embryofetale Alkoholsyndrom einer der häufigsten Gründe dafür, dass Babys mit Wachstumsdefekten und geistigen Einschränkungen auf die Welt kommen. Rund 14 Prozent aller schwangeren Frauen, so eine Umfrage des Robert Koch-Instituts in Berlin, trinken Wein, Bier oder Schnaps – und verändern damit die Steuerung der Gene in den Zellen der ungeborenen Kinder.

Versuche an Mäusen zeigen, wie der Trinkalkohol (Ethanol) seine schädliche Wirkung in den Zellkernen entfaltet.[2] Die

Forscher kreuzten Männchen, die ein Gen für eine helle Fellfarbe tragen, mit dunklen Weibchen, und zwar aus folgen-
dem Grund: Sie wollten untersuchen, inwiefern Ethanol die
Ausprägung des Gens für helle Fellfarbe stört. Einem Teil der
schwangeren Tiere gaben sie in den folgenden acht Tagen nur
noch präpariertes Wasser zu trinken, das sie mit zehn Prozent
Ethanol versehen hatten. Nach dieser Ethanol-Phase gab es
dann für den Rest der Schwangerschaft (ungefähr noch 12 weitere Tage) reines Wasser. Auf diese Weise wollten die Forscher
die Wirkung von Alkohol im ersten Schwangerschaftsdrittel
beim Menschen simulieren. Die schwangeren Mäuse der Kontrollgruppe bekamen nur Wasser.

Der Alkohol im Mutterleib hatte dramatische Folgen. Im
Vergleich zu den Kontrolltieren brachten die alkoholisierten
Mütter ungewöhnlich viele Kinder mit dunklem Fell auf die
Welt. Das ging mit auffälligen Veränderungen in den Zellkernen der Babys einher: Das väterliche Gen für die helle Fellfarbe
war stark methyliert und dadurch stillgelegt. Aber auch in den
Zellen der Leber hatte das Ethanol die Steuerung des Erbguts
durcheinandergebracht. Die Aktivität von zwölf Genen war
erheblich eingeschränkt; von dreien ist bekannt, dass sie normalerweise das Wachstum regeln, von drei anderen weiß man,
dass sie eine Rolle in der Entwicklung des Nervensystems
spielen. Mit diesen Störungen auf der Ebene der Gene gingen morphologische Veränderungen einher: Die dem Ethanol
ausgesetzten Mäusebabys waren einerseits auffällig leicht, und
zum anderen waren ihre Schädel verkleinert. Es sind genau
jene Schäden, die Kinderärzte auch an alkoholgeschädigten
Neugeborenen sehen. Vor allem die Auswirkungen auf das
Gehirn, die nicht nur zu geistigen Einbußen, sondern auch zu
auffälligem Sozialverhalten führen, sind in schweren Fällen
eigentlich kaum mehr zu vermindern.

Sprechstunde für verzweifelte Eltern

Einer, der das schon an mehr als 500 alkoholgeschädigten Kindern gesehen hat, ist der Berliner Kinderarzt Hans-Ludwig Spohr. In seine Sprechstunde an den DRK-Kliniken Berlin / Westend kommen verzweifelte Adoptiv- und Pflegeeltern von weit her und stellen ihr Kind vor. In anderen Fällen fragen Eltern um Rat, die sich noch nicht sicher sind, ob sie ein Kind adoptieren sollen, bei dem der Verdacht besteht, dass die Mutter ein Alkoholproblem hatte. In diesen schwierigen Fällen ist für Spohr Aufklärung des erste Gebot, und er zögert nicht, die Schwere der Behinderungen offen auszusprechen. Wenn bestimmte Strukturen im Gehirn zerstört sind oder sich gar nicht erst entwickeln konnten, dann können bestimmte kognitive Leistungen nicht entstehen, sagt Spohr. Potentiellen Eltern, die eigentlich ein gesundes Kind haben wollen, sagt er ganz offen: »Ein Kind mit einem Alkoholsyndrom adoptieren? Davon rate ich ab.«

Das Urteil mag erschrecken, aber gerade die Befunde der Neurobiologen zeigen, wie gravierend die Symptome sind. In den beschriebenen Experimenten waren die schwangeren Mäuse einem Blutalkohol von 1,2 Promille ausgesetzt; einem Wert, der bei einem Rausch einer schwangereren Frau durchaus erreicht wird. Die Vermutung ist aber, dass schon viel kleinere Mengen an Ethanol ausreichen, um die Steuerung der Gene zu verändern – und damit ausgerechnet jene Phase stören, in der sich das Nervensystem des Ungeborenen organisiert.

Die hirnorganischen Schäden führen nicht nur zu kognitiven Defekten, sondern offenbar auch zu merkwürdigen Handlungen, mit denen leider auch Heide immer wieder aneckt. Dazu zählen Verluste der Impulskontrolle: Wie aus dem Nichts werden die Eltern urplötzlich auf das Übelste beschimpft. Hinzu kommen Störungen der sogenannten Exekutivfunktionen: Die Betroffenen haben ein miserables Arbeitsgedächtnis, sie können nicht gezielt planen und handeln.

All das summiert sich im Alltag und führt dazu, dass Heide praktisch nicht alleine leben kann. Sie würde weder Rechnungen pünktlich begleichen, noch könnte sie mit dem Geld haushalten. Zwar lebt sie seit kurzem nicht mehr zu Hause, sondern in einer Etagenwohnung in der Nähe ihres speziellen Kollegs, jedoch ist die Mutter mit ihr eingezogen und hilft der Tochter. Auch wenn man mit ihr fernsieht, kann man Heides Defizite merken: Die Filme über die Kaiserin Sissi, die sie besonders liebt, hält sie für echt. Wenn sie die Hauptdarstellerin zufälligerweise in anderen Filmen und anderen Rollen sieht, kann Heide das nicht verstehen.

Das Syndrom ist erschreckend unbekannt

Gerade weil man ihnen die kognitiven Probleme zunächst kaum anmerkt, bekommen alkoholgeschädigte Menschen in der Gesellschaft Ärger. Die Psychologin Gela Becker-Klinger, die in Berlin die bundesweit einzige Beratungsstelle für alkoholgeschädigte Kinder betreibt, hat das schon in vielen Fällen erlebt. Sie erzählt das Beispiel eines jungen Mannes, der vor einem S-Bahnhof in Berlin ein Fahrradschloss aufknackte – im Schein einer Straßenlaterne, um besser sehen zu können. Als ihn ein Polizist zur Rede stellte, war der Halbwüchsige sich keiner Schuld bewusst: Er klaue doch niemandem etwas, entgegnete er, sondern er leihe sich nur ein Rad für den Heimweg. »Der Junge hat das das wirklich so gemeint«, sagt Becker-Klinger. »Der Polizist kam sich natürlich veralbert vor.«

Nicht nur Ordnungshüter tun sich schwer, die pränatal erworbenen Behinderungen zu erkennen. Ausgerechnet unter Mitarbeitern von Jugendämtern sei das embryofetale Alkoholsyndrom noch viel zu wenig bekannt, kritisiert Hans-Ludwig Spohr. Selbst wenn die Mutter eine stadtbekannte Alkoholikerin war, würden die Mitarbeiter der Jugendämter der Sache kaum nachgehen und die Trinkgewohnheiten während der Schwangerschaft nicht weiter recherchieren, sagt der erfahrene Kinderarzt.

Andere Mediziner pflichten ihm bei. Der HNO-Arzt Volker Baschek etwa sieht in seiner Gelsenkirchener Praxis immer wieder alkoholgeschädigte Kinder, weil sie häufig Hörschäden haben.»Die Jugendämter sind gar nicht über das Krankheitsbild informiert«, sagt Baschek. Man könne sich nicht des Eindrucks erwehren, schrieb er in einem Leserbrief im *Deutschen Ärzteblatt*,»der Staat und die Jugendämter versuchen, ohne Berücksichtigung der möglichen gravierenden Folgen, das Risiko auf Adoptionsfamilien abzuwälzen«.

Aufklärung durch Selbsthilfegruppen

Enttäuschte Eltern haben bundesweit Selbsthilfegruppen gegründet und beklagen ihre Probleme. Eine 47 Jahre alte Mutter aus Nordrhein-Westfalen etwa würde die Adoption ihres inzwischen 16 Jahre alten Sohnes am liebsten rückgängig machen, denn er ist wegen Körperverletzung und Vandalismus bereits aktenkundig. Am Telefon erzählt sie:»Wir wollten ein gesundes Kind, jetzt haben wir ein alkoholgeschädigtes Kind, mit dem wir nicht fertig werden.« Sie streitet mit den Behörden darüber, wer für die Folgen der angeborenen Erkrankung verantwortlich ist. Wer bezahlt für den Sohn, wenn er einen Platz in einem speziellen Heim benötigen sollte?

Der Maschinenschlosser Peter Schubert hat ebenfalls leidvolle Erfahrungen hinter sich. Zusätzlich zu zwei leiblichen Kindern haben er und seine Frau im August 1993 ein Baby in Pflege genommen, das sie für gesund hielten. Doch der Junge kam in Kindergarten und Schule nicht zurecht. Im Alter von 16 Jahren kann er, dem Vater zufolge, nur von 1 bis 20 zählen. Weil der Pflegesohn eine Betreuerin beinahe zu Tode würgte, lebt er nunmehr in einem Heim mit ständiger Rufbereitschaft.

Vor einiger Zeit haben die Schuberts einen Mediziner aufgesucht und durch ihn erfahren, dass die Probleme ihres Pflegekindes ihren Anfang offenbar im Mutterleib genommen haben. Sofort mussten die Eltern an die Gespräche mit den Mitarbeitern des Jugendamtes denken, als sie den Säugling aufnahmen. Sehr wohl war damals die Alkoholsucht der leiblichen Mutter bekannt, aber die Mitarbeiter hätten die möglichen Auswirkungen auf das Baby als unerheblich abgetan: Mit Liebe könne man viel ausgleichen.

Die Schuberts sind auch heute noch für ihren Pflegesohn da, aber im Nachhinein hätten sie sich vom Jugendamt eine bessere Aufklärung gewünscht. Der Vater sagt: »Ein Kind mit so schweren Einschränkungen hätte niemals in einer normalen Pflegefamilie untergebracht werden dürfen.«

Allerdings zeichnet sich ein Umdenken ab. Je mehr Mediziner über die molekularen Grundlagen des embryofetalen Alkoholsyndroms herausfinden, desto stärker wird diese vermeidbare Krankheit in das Bewusstsein der Öffentlichkeit gerückt. Auch die Behörden reagieren. Der Landschaftsverband Westfalen-Lippe beispielsweise versucht, alkoholgeschädigte Babys in Pflegefamilien zu geben, die im Umgang mit bedürftigen Zöglingen besonders geschult werden. Die Mit-

glieder des Vereins FASworld Deutschland weisen unermüdlich auf das Syndrom hin und kämpfen gegen Alkohol in der
Schwangerschaft.[3]

Frau Graf aus Berlin hat im eigenen Leib erfahren, was Alkohol einem ungeborenen Kind zufügen kann. Bis vor fünf
Jahren hat die 41 Jahre alte Frau immer wieder und zeitweise
ausschweifend getrunken und in dieser Zeit zwei Söhne geboren: Der ältere hat einen IQ von 85, und er besuchte die
Sonderschule. Der jüngere hat einen IQ von 111 und soll aufs
Gymnasium kommen.

Obgleich die Söhne von verschiedenen Vätern stammen, ist
der Mutter, die jetzt trocken ist und zu ihrer Geschichte steht,
klar, warum ihre Kinder so unterschiedlich sind. Frau Graf
sagt: »Ein Teil der Defizite meines ersten Sohnes rührt daher,
dass ich während seiner Schwangerschaft wesentlich mehr getrunken habe als beim zweiten Kind.« Der ältere Sohn versucht gegenwärtig, eine Ausbildung als Teilfacharbeiter im
Gartenbau zu schaffen. Er bemerkt seine Einschränkungen
und hat den Grund dafür von seiner Mutter erzählt bekommen. Doch er ist geistig nicht in der Lage, ihr Vorwürfe zu machen – dazu haben einst zu viele Alkoholmoleküle auf seine
Gene eingewirkt.

Die Entdeckung der perinatalen Programmierung

Das embryofetale Alkoholsyndrom ist das wohl eindrücklichste Beispiel dafür, wie äußere Einflüsse einen Menschen,
der noch gar nicht geboren ist, für den Rest des Lebens prägen
können. Neben dem Trinkalkohol können auch pharmakologische Wirkstoffe, Schadstoffe aus Zigarettenrauch und toxische Stoffe aus der Umwelt die Gebärmutter, das intrauterine

Milieu, belasten. Das frühe Fehlen bestimmter Nährstoffe »wie Eisen, Jod, Folsäure, Docosahexaensäure (DHA) kann sich nachhaltig auf die Entwicklung und die Gesundheit auswirken«, urteilen Geburtsmediziner.[4]

Übergewicht, hoher Blutdruck, Diabetes, Allergien, die Aufmerksamkeitsstörung ADHS und Autismus gehen womöglich auf die Umstände während der Schwangerschaft und der ersten drei Lebensjahre zurück, allerdings sind diese Prägungen nicht so stark und umkehrbar. Der Mechanismus ist auch hier die Epigenetik; sie dürfte »einige Erklärungen dafür liefern, wie subtile Einflüsse im frühen Leben zu funktionellen und strukturellen Langzeitveränderungen führen«, prophezeien Mediziner im *New England Journal of Medicine*.[5]

Im Berliner Bezirk Pankow lebt ein Mann, der diese frühe Prägung ebenfalls für wichtig hält – und schon vor vierzig Jahren dazu veröffentlicht hat. Günter Dörner, ein Herr mit weißen Haaren und leicht getönter Brille, öffnet die Tür seiner Wohnung, führt den Besucher in die Loggia und breitet Papiere aus. Dörner, Jahrgang 1929, war langjähriger Leiter des Instituts für Experimentelle Endokrinologie der Berliner Charité. Als wir über die vermeintliche Macht der Gene sprechen, ist der Mann in seinem Element.

»Es hieß ja immer, alles sei genetisch bedingt, aber inzwischen hat die Umwelt eine viel größere Bedeutung gewonnen. Sie kann über Hormone und Neurotransmitter auf das sich entwickelnde Gehirn einwirken. Gerade in den kritischen Phasen der Entwicklung kann die Aktivität der DNA durch Signale aus der Umwelt programmiert werden.« Diese Ausführungen sind bemerkenswert – weil Dörner bereits in den 70er Jahren so gesprochen hat und als erster Wissenschaftler überhaupt das Prinzip der sogenannten perinatalen Programmierung mit wegweisenden Experimenten untermauert hat.

Seine Ergebnisse wurden allerdings in der westlichen Welt nicht groß wahrgenommen – weil Dörner seine produktivsten Jahre als Wissenschaftler in der DDR verbringen musste. Der Arzt und Hormonforscher hatte schon alles für seinen Wechsel von der in Ostberlin gelegenen Charité nach Westberlin vorbereitet. Doch ausgerechnet in jenen Tagen 1961, als der Mauerbau begann und Ostberlin abgeriegelt wurde, befand sich Günter Dörner auf einem Kongress in Moskau und konnte seinen Plan nicht mehr verwirklichen. Anstatt in *Science* oder *Nature* zu veröffentlichen, mussten Dörners Aufsätze in Journalen wie *Acta Biologica et Medica Germanica* erscheinen.

Allerdings hat Dörner auch profitiert. Nach dem Mauerbau verließ sein Chef Walter Hohlweg als österreichischer Staatsbürger die DDR – und der junge Schüler übernahm den freiwerdenden Posten als Direktor des Institutes für Experimentelle Endokrinologie der Charité. Wie er das Institut geführt hat, lässt sich aus einem Bericht der Staatssicherheit vom Mai 1984 ablesen: »Er ist sehr zurückhaltend, fast menschenscheu, aber auch egozentrisch. In seinem Institut übt er eine absolute Herrschaft aus, will über alles informiert sein, informiert andere jedoch nie. Auffällig ist dabei auch sein Bestreben, keine Genossen in seinem Institut zuzulassen.«

Viele seiner Experimente drehten sich darum, wie Sexualhormone das Verhalten beeinflussen. Beispielsweise ließ Günter Dörner männliche Ratten die ersten vier Wochen des Lebens ohne das männliche Hormon Testosteron aufwachsen und brachte sie dann wieder auf den normalen Testosteronspiegel. Die derart traktierten Tiere verhielten sich im Erwachsenenalter anders als unbehandelte Kontrollratten – für Dörner war dies ein eindeutiger Hinweis auf seine Programmierungstheorie: Äußere Einflüsse – in diesem Fall der Hormonspiegel – können die Arbeitsweise der Gehirnzellen offenbar in eine bestimmte Richtung lenken. Interessanterweise haben Forscher aus dem Westen später ähnliche Schlüsse gezogen. Der englische Psychologe Simon Baron-Cohen vermutet beispielsweise, dass die Menge an Testosteron im Mutterleib mit entscheidet, ob ein Mensch ein eher einfühlsam »weibliches Gehirn« entwickelt oder eher ein autistisch »männliches Gehirn«.

Frühe Mast, spätes Übergewicht

In anderen Experimenten in den 70er Jahren haben Dörner und seine Mitarbeiter neugeborenen Ratten eine Dosis des Hormons Insulin gespritzt und geschaut, was passiert. Im Unterschied zu unbehandelten Artgenossen hatten die Ratten nach der Geschlechtsreife eine höhere Neigung zu Typ-2-Diabetes mellitus. Später entdeckten Dörner und sein Schüler Andreas Plagemann einen vergleichbaren Zusammenhang bei Menschen: Eine Erkrankung einer schwangeren Frau an Typ-2-Diabetes mellitus und die damit verbundene Überernährung des Ungeborenen erhöhen statistisch gesehen dessen Wahrscheinlichkeit für Diabetes und Übergewicht.

Die Befunde sind in den wohlgenährten Gesellschaften der Industriestaaten aktueller denn je. »Dick sein beginnt heute offenbar im Mutterleib!«, sagen die Berliner Mediziner Andreas Plagemann und Joachim Dudenhausen.[6] Sie befürchten, dass das Programm über Generationen hinweg läuft. Töchter von Müttern mit Schwangerschaftsdiabetes entwickelten – unabhängig von ihrer genetischen Ausstattung – später im Leben selbst gehäuft Übergewicht und einen Schwangerschaftsdiabetes und würden dann ihrerseits die nächste Generation programmieren.

Zu dieser Prägung kann es einerseits kommen, weil die noch unreife Bauchspeicheldrüse des Ungeborenen überfordert ist. Zum anderen beeinflusst der Lebensstil die Hirnzentren für die Sättigung und für die Regulation des Körpergewichts und verändert offenbar die Aktivität der Gene im Hypothalamus, dem Sättigungszentrum im Zwischenhirn. Das zumindest haben Plagemann, Dudenhausen und ihre Mitarbeiter an der Berliner Charité in Fütterungsexperimenten zeigen können.[7]

Sie päppelten und mästeten Mäusebabys, so dass deren Blut vor lauter Zucker schon fast zähflüssig wurde und sie gewaltige Fettpolster anlegten. Doch die Mäuse waren nicht nur äußerlich verändert, sondern auch in den Nervenzellen des Hypothalamus: Das Gen für das Proopiomelanocortin (POMC) war stark methyliert und damit offenbar heruntergedrosselt. Normalerweise entstehen aus dem POMC verschiedene Hormone, die das Körpergewicht und das Hungergefühl beeinflussen. Die Forschungsergebnisse legen nahe: Eine Mast nach der Geburt stellt einen epigenetischen Risikofaktor für Fettleibigkeit später im Leben dar.

Aus diesem Grund kann auch ein geringes Geburtsgewicht für Typ-2-Diabetes mellitus anfällig machen – weil besonders leichte Babys in den ersten Lebenstagen und -monaten besonders stark gemästet werden, damit sie so schnell wie möglich Gewicht zulegen. Diesen Zusammenhang haben Günter Dörner und seine Mitarbeiter ebenfalls schon in den 70er Jahren in der DDR zeigen können, und zwar in einer Studie mit 5000 Kindern. Die eifrigsten Milchtrinker und Breiesser unter ihnen nahmen in den ersten drei Monaten besonders viel zu (nämlich mehr als drei Kilogramm) – 15 Jahre später waren knapp zwanzig Prozent von ihnen übergewichtig, eine besonders hohe Rate für die damalige Zeit.

Dünn bleiben mit Muttermilch

Oft haben Ärzte genau solch eine Turbomast empfohlen: Je schneller das Fett auf die Rippen kommt, desto besser für die Babys – es war ein Trugschluss, der den Kindern womöglich mehr Schaden gebracht hat als Nutzen.

In England haben Ernährungswissenschaftler untersucht, wie früh geborene Babys auf unterschiedliche Nahrung reagieren. Per Losverfahren teilten sie die Kinder in zwei Gruppen ein: Die einen Babys wurden ganz normal gefüttert; die anderen erhielten Nahrung, die mit Zucker und Proteinen angereichert war. So ging das vier Wochen lang oder so lange, bis das jeweilige Kind ein Gewicht von zwei Kilogramm erreicht hatte. Danach durften alle Kinder vier Wochen lang die Nahrung essen, die ihre Eltern ihnen gaben. Zwanzig Jahre später haben die Forscher die Menschen ein weiteres Mal untersucht: In jenen, die damals die angereicherte, besonders kalorienreiche Kost erhalten hatten, war der Insulinspiegel erhöht, was als Risifaktor für einen Typ-2-Diabetes mellitus gilt.[8]

Weil Fertigmilch die Gewichtszunahme eines Neugeborenen unnatürlich beschleunigen kann, sollten Mütter während des ersten Lebensjahrs darauf verzichten und, wenn es ihnen möglich ist, stillen. Mit jedem Stillmonat wird das Risiko für späteres Übergewicht offenbar kleiner. In seiner Loggia nickt Günter Dörner zustimmend – ganz neu ist ihm die Erkenntnis freilich nicht. Schon früh hat er die Bedeutung des Stillens für das Kind erkannt und auf die Behörden eingewirkt. Die DDR hat deshalb 1986 das bezahlte Babyjahr vom ersten Kind an eingeführt.

Allerdings kann auch Muttermilch zu viel des Guten enthalten. Das haben Forscher gemerkt, als sie genetisch ähnliche Mäusebabys dünnen und dicken Ammen zuteilten.[9] Knapp drei Wochen lang tranken die Kleinen die Milch der fremden Muttertiere, dann wurden sie gewogen: Jene Mäuse, die von einer dünnen Amme ernährt worden waren, wogen im Durchschnitt 10,7 Gramm. Diejenigen, welche die Milch einer fettleibigen Ersatzmutter getrunken hatten, brachten deutlich mehr auf die Waage: 14,4 Gramm. Die Milch der fülligen Ammen war ein wahrer Dickmacher. Der Fettgehalt war verdoppelt (40 Prozent statt sonst 22 Prozent) und die Menge des Hormons Leptin um das Vierfache erhöht. Leptin hat eine Schlüsselrolle bei der Entstehung von Speckpolstern.

Die Frage, ob man eher schwer wird, entscheidet sich offenbar ein Stück weit in der postnatalen Phase, in der auch noch der Hypothalamus (das Sättigungszentrum im Gehirn) besonders formbar ist. In diesem kritischen Zeitraum kann die spätere Konstitution auch dadurch beeinflusst werden, wie viele Geschwister man hat – zumindestens ist das so bei Mäusen: Die Größe eines Wurfes schwankt zumeist zwischen drei bis acht Sprösslingen. Babys, die in eine kleine Familie hineingeboren werden, werden eher dick und bleiben es; Mäuse aus einem großen Wurf bleiben dünner. Wie bedeutend die Ernährung nach der Geburt ist, das lässt sich schließlich auch erkennen, wenn man frisch geborene Nagetiere in einen anderen Wurf gibt. In einem Experiment kamen Babys dünner Rattenmütter am zweiten Lebenstag zu einer dicken Amme: Sie wurden und blieben auch nach dem Abstillen besonders dick, hatten einen gestörten Zuckerstoffwechsel, was mit auffälligen Veränderungen im Hypothalamus einherging.[10]

Die Gegenprobe sah so aus: Babys von dicken Müttern kamen zu dünnen Ammen: Die Kleinen blieben zwar übergewichtig. Jedoch nahmen sie später deutlich weniger Futter zu sich als Kinder, die von einer dicken Mutter geboren und gestillt worden waren. Des Weiteren hatten sie einen verbesserten Zuckerstoffwechsel – und bestimmte Gene in ihrem Hypothalamus (dem Sättigungszentrum) waren verstärkt aktiv.

Der Wechsel von der dicken Mutter zur dünnen Amme hat also in den Babys noch viel bewirkt – diese Erkenntnis ist von grundlegender Bedeutung:

Die Prägung im Mutterleib kann nach der Geburt noch verändert und überwunden werden. Die Schwere der vorgeburtlichen Prägung hängt von den Substanzen ab, die auf das ungeborene Kind einwirken. Chemikalien wie Trinkalkohol sind extrem und können bleibende Effekte haben. Sie können die embryonalen und fetalen Zellen derart umprogrammieren, dass eine normale Entwicklung nicht mehr möglich ist – was zu solch schwerwiegenden angeborenen Erkrankungen wie dem embryofetalem Alkoholsyndrom führt.

Hormone und Neuropeptide im Mutterleib dagegen prägen einen deutlich schwächer. Der Lebensstil kann die perinatale Prägung in vielen Fällen übertrumpfen, weil er die Gene neu programmiert.

II Die Seele

Kapitel 5
Vom Wahnsinn in den Genen

Warum gehen die einen Menschen fröhlich durchs Leben, während die anderen sich von den Ärgernissen, die das Dasein so mit sich bringt, unterkriegen lassen und darüber regelrecht depressiv werden? Warum stecken manche den Verlust der Arbeit oder eine Scheidung locker weg, während andere darüber zerbrechen? Eine Antwort hat vor einigen Jahren eine Studie von Psychologen vom King's College London geliefert: Der Unterschied liege in den Erbanlagen. Menschen, die mit einer bestimmten verkürzten Genvariante auf die Welt kommen, könnten unerfreuliche Ereignisse kaum verwinden und erkrankten gehäuft an Depressionen.

Auf diese verhängnisvolle Verwundbarkeit wollen die Psychologen Terri Moffit und Avshalom Caspi gestoßen sein, als sie die Lebensdaten von 847 Menschen aus Neuseeland untersuchten.[1] In der sogenannten Dunedin-Studie waren die Testpersonen von Geburt an bis zum Alter von 26 Jahren nachverfolgt worden. Aus diesen Daten filterten die Psychologen heraus, ob sie seit dem 21. Geburtstag Ereignisse erlebt haben, die das Risiko für Depressionen erhöhen. Scheidungen, Obdachlosigkeit, Schulden, Arbeitslosigkeit, schwere Erkrankungen, der Verlust eines Familienmitglieds – solche belastenden Episoden wurden vermerkt. Ebenso ermittelten die Forscher, wer unter den Studienteilnehmern zum Zeitpunkt der

Befragung oder ein Jahr davor an einer Depression erkrankt war.

Im nächsten Schritt wollten die Psychologen herausfinden, ob es eine biologische Anfälligkeit für Depressionen gab. Sie entschieden sich, ein Gen mit der kryptischen Bezeichnung *5-htt* zu untersuchen, weil es unsere Gehirnchemie und damit auch unsere Gemütsverfassung beeinflusst. *5-htt* stellt einen Transporter her, der reguliert, wie viel Serotonin im Gehirn vorhanden ist. Serotonin ist ein Neurotransmitter, der wie ein Stimmungsaufheller wirken kann. Allerdings kommt das *5-htt* in zwei Versionen daher: in einer etwas längeren und in einer etwas kürzeren. Weil nun jeder Mensch zwei *5-htt*-Kopien erbt (eine von der Mutter und eine vom Vater), gibt es in der Bevölkerung drei *5-htt*-Kombination. Bei den Probanden entsprach die Verteilung dem zu erwartenden Muster, und sie sah so aus: 31 Prozent trugen lang/lang, 51 Prozent lang/kurz und 17 Prozent kurz/kurz.

Terri Moffit und Avshalom Caspi glichen nun die genetischen Daten mit den unerfreulichen Lebenserfahrungen ab – und kamen zu einem scheinbar sensationellen Ergebnis: Das kurze *5-htt*-Gen mache die betreffenden Menschen, bei sonst gleicher Belastung durch die Umwelt, besonders anfällig für Depressionen. Der Effekt ließ sich zumindest für Teilnehmer errechnen, die vier oder mehr Tiefschläge hinnehmen mussten: Menschen mit vier oder mehr stressigen Ereignissen und zwei kurzen *5-htt*-Genen machten zehn Prozent der Studiengruppe aus, aber sie stellten 23 Prozent der Depressiven. Von den Menschen, die mindestens ein kurzes *5-htt*-Gen trugen, waren 33 Prozent depressiv. Von den Probanden, die zwei lange *5-htt*-Gene besaßen, waren nur 17 Prozent depressiv geworden.

Was für eine Geschichte! Hatten die Forscher nicht schon

immer vermutet, dass seelische Krankheiten eine biologische Wurzel haben? Jahrzehntelang hatten sie in den Zellen nervenkranker Menschen nach schuldigen Genen etwa für Alkoholsucht oder Schizophrenie gesucht und nichts entdeckt. Mit dem »Depressions-Gen« schien nun endlich der erste Kandidat gefunden. Auch biologisch gesehen klang alles einleuchtend, wenn der verkürzte Serotonin-Rezeptor schlechter arbeitet als die lange Version.

Überdies hat das Ergebnis einen besonderen Charme, weil es nicht ganz so fatalistisch daherkommt. Wenn Schicksalsschläge ausbleiben, sind Menschen mit zwei kurzen *5-htt*-Genen ja gesund. Erst im Zusammenspiel mit einer falschen Umwelt mache das Depressions-Gen einen Menschen krank. Und steht das alles nicht mit der Alltagserfahrung in Einklang, dass der eine Mitmensch immer wieder aufsteht, während der andere nach Rückschlägen verzagt?

»Das ist eine wunderbare Story«, lobte der einflussreiche Psychiater Thomas Insel vom amerikanischen National Institute of Mental Health. »Sie veränderte die Art und Weise, wie wir über Gene und psychiatrische Erkrankungen denken.«

Die Journalisten waren inspiriert und verarbeiteten den Stoff zu Geschichten über eine angeborene »Resilienz«: Selbst wenn sie als Kind geprügelt oder missbraucht wurden, würden manche Menschen zu normalen Erwachsenen – insofern sie denn mit der rechten, sprich robusten Genausstattung gesegnet sind. Der amerikanische Schriftsteller Richard Powers hat die Serotonin-Saga frühzeitig zu einem Roman über das vermeintliche Glücksgen verarbeitet.[2]

Traurige Nachrichten fürs Depressions-Gen

Für das Ehe- und Forscherpaar Terri Moffit und Avshalom Caspi wurde der Rummel um das Depressions-Gen zum Glücksfall. Sie bekamen jeweils eine gut dotierte Professorenstelle an der angesehenen Duke University in Amerika. Mit Wohlgefallen und nicht ohne Eitelkeit nahmen die beiden Psychologen zur Kenntnis, wie wirkmächtig ihr Befund unter den Kollegen war. Andere Forscher wetteiferten darum, den Einfluss des kurzen 5-*htt*-Gens ebenfalls zu erforschen, und machten sich daran, die Daten unabhängig zu replizieren – doch das war der Anfang vom Ende der ganzen Geschichte.

Denn so sehr sich andere Forscher auch mühten, die von Moffit und Caspi behauptete Verwundbarkeit durch kurze 5-*htt*-Gene haben sie nicht finden können. Ganz im Gegenteil, das Zusammenspiel von 5-*htt* und der Umwelt erklären Psychologen der University of Bristol in England als reinen Zufallsfund.[3] Den Genetiker Neil Risch von der University of California in San Francisco hat das »Depressions-Gen« ebenfalls stutzig gemacht. Er hat sich deshalb die Studie von Moffit und Caspi vorgenommen und zusätzlich 13 spätere Studien zum 5-*htt*-Gen. Alles in allem waren es Daten von ungefähr 14 250 Probanden.[4]

Die Auswertung ergab: Menschen, die besonders viele stressige Erfahrungen machen und Schicksalsschläge einstecken müssen, erkranken viel häufiger an Depressionen – allerdings gibt es gar keine angeborene Verwundbarkeit dafür. Ganz gleich, wie Neil Risch und seine Kollegen die Daten aufbereiteten, ganz gleich, was den Menschen widerfahren war – ein Zusammenhang zwischen dem kurzen 5-*htt*-Gen und einer besonderen erblichen Anfälligkeit für belastende Erfahrungen gab es nicht. Das bedeutet: Niemand ist aufgrund einer

Genvariante gleichsam immun gegen Stress. Und niemand fällt Stress zum Opfer, weil irgendwelche Genvarianten es so wollen.

Entscheidend für den Ausbruch einer Depression sind die äußeren Einflüsse und persönlichen Erfahrungen. Eine Scheidung etwa erhöht die Wahrscheinlichkeit, depressiv zu werden, um 40 Prozent. Mit seinem Buch über die biologische Wurzel von Glück und Trauer hat der amerikanische Schriftsteller Richard Powers also einen Roman verfasst, der in doppelter Hinsicht fiktiv ist. Nicht nur die Handlung ist frei erfunden, sondern auch die wissenschaftliche Grundlage des Buchs entpuppt sich als Märchen.

Es liegt auf der Hand, warum die Geschichte von der genetischen Verwundbarkeit beim Publikum so erfolgreich war. Sie spendet den betroffenen Menschen Trost und entlastet das Umfeld. Wenn der Grund für die Erkrankung letztlich in den Genen liegt, dann hat ja niemand Schuld.

Das Bedürfnis, seelische Erkrankungen auf die Biologie schieben zu können, ist auch deshalb so verbreitet, weil pharmazeutische Firmen es nach Kräften nähren – natürlich um ihre Produkte an die Konsumenten zu bringen. Wer eine psychische Erkrankung auf eine biologische Ursache reduziert, der kann sie trefflich mit Arzneimitteln behandeln.

Zappelphilipp ward erfunden

Ein Paradebeispiel dafür, wie man ein angeblich erbliches Hirnleiden konstruiert hat, ist das Aufmerksamkeitsdefizit-Hyperaktivitätssyndrom, kurz ADHS. Diesen Zustand diagnostizieren Mediziner immer häufiger: Nach Angaben des Robert Koch-Instituts in Berlin sind allein in Deutschland inzwischen 600 000 Kinder und Jugendliche davon betroffen.

Bis heute haben Forscher zwar keine Gene präsentieren können, die hinter dem Syndrom stecken. Ebenso wenig lässt sich die Diagnose ADHS anhand biologischer Merkmale stellen, etwa indem man das Gehirn eines Kindes scannt. Nichtsdestotrotz versuchen pharmazeutische Unternehmen, ADHS in der Öffentlichkeit ganz gezielt als angeborene Behinderung des Gehirns darzustellen.[5] Die Firma Medice aus Iserlohn etwa hat eine Fachtagung zum Thema auf einem Kongress der Kinder- und Jugendpsychiater in Berlin finanziell unterstützt. Der Konzern Novartis hat sogar ein Bilderbuch für Kinder auf den Markt gebracht, das die Erkrankung altersgerecht für potentielle Patienten aufbereitet. Die Story dreht sich um den Kraken Hippihopp, der »fürchterlich ausgeschimpft« wird, weil er »überall und nirgends ist« und ihm viele Dinge misslingen. Aber zum Glück gibt es Frau Doktor Schildkröte. Sie erkennt, was der kleine Krake hat: »ein Aufmerksamkeitsdefizitsyndrom!« Und sie weiß, was dagegen hilft: »eine kleine weiße Tablette«.

Für ADHS-Eltern wirkt die Darstellung, das Leiden sei erblich bedingt, entlastend, weil sie von dem Vorwurf befreit werden, die Umwelt – sprich: ihre Erziehung! – habe Anteil an den Problemen ihrer Kinder. Auf einem Informationsabend zu ADHS für Eltern in der Hamburger Klinik-Nord ging ein kollektiver Seufzer der Erleichterung durch den vollbesetzten Saal, als ein Arzt zu Anfang seines Vortrages behauptete, die betroffenen Kinder hätten eine »genetische Vulnerabilität«, also eine erblich bedingte Verwundbarkeit für ADHS.

Wer dies glaubt, der erleichtert nicht nur sein Gewissen, sondern er hat auch keine Skrupel, seinem Kind jeden Tag Psychopillen zu verabreichen: auf dass damit Tobemarie und

Zappelphilipp im Sinne der Eltern funktionieren. Die handelsüblichen Marken wie Ritalin, Concerta oder etwa Medikinet enthalten alle die Substanz Methylphenidat. Eine Substanz, mit der eine ganze Generation aufwächst.

Eine Droge macht Karriere

Seit Erfindung der Diagnose in den 60er Jahren hat sich der Konsum von Methylphenidat in etlichen Industrienationen in einem aberwitzigen Ausmaß gesteigert. In Deutschland etwa ist der Verbrauch an Methylphenidat von 34 Kilogramm im Jahr 2001 auf 1429 Kilogramm in 2007 explodiert. Rein rechnerisch gibt es in jeder Schulklasse ein Kind, das die Pille zum Pausenbrot bekommt. Erstaunlich viele der betreffenden Eltern finden nichts dabei. Für sie ist ADHS eine Krankheit, gegen die es halt Medikamente gibt. Es ist in der westlichen Welt Routine geworden, Schulkinder mit Psychopillen ruhigzustellen.

Wie konnte es so weit kommen? Wer hat die Krankheit ADHS eigentlich erfunden?

Der entscheidende Dreh war, allzu temperamentvollen und unkonzentrierten Grundschülern einen organischen Hirnschaden anzudichten. Das spiegelt sich in dem Begriff »postenzephalitisches Syndrom« wider, den Mediziner 1935 einführten: Das unliebsame Verhalten der Kinder war demnach Folge einer Gehirnentzündung – selbst wenn die betroffenen Schüler noch nie eine Enzephalitis gehabt hatten. Bald darauf sprachen Ärzte und Eltern vom »gehirngeschädigten Kind« – obwohl kein Arzt einen Gewebeschaden im Denkorgan nachweisen konnte. Auch die folgende, leicht einschränkende Bezeichnung »minimal gehirngeschädigtes Kind« unterstellte den Kindern einen organischen Defekt – für den es freilich noch immer keinen wissenschaftlichen Beweis gab.

Unter den Eltern der betroffenen Kinder dagegen war der Begriff ausgesprochen beliebt, weil ja nicht sie selbst, sondern der »Hirnschaden« die Probleme ihrer Söhne und Töchter verursacht hatte. Da dieser angebliche Schaden sich aber weiterhin hartnäckig jeder wissenschaftlichen Beschreibung entzog, wurden weitere Namensänderungen erforderlich: Aus dem »hyperkinetischen und unaufmerksamen« Kind wurde schließlich der bis heute gebräuchliche Begriff ADHS.

Der wissenschaftliche Vater von ADHS ist entsetzt

Sobald das Leiden als biologische Erkrankung durchgesetzt war, begannen Ärzte damit, an den Kindern Tabletten auszuprobieren. Den Anfang machte 1937 der amerikanische Kinderarzt Charles Bradley aus dem kleinen US-Staat Rhode Island, der in einem Heim für verhaltensauffällige Kinder arbeitete.[6] Auf gut Glück verabreichte er Kindern im Alter von fünf bis vierzehn Jahren Amphetamin. Bradley war überrascht von der Wirkung. Das vermeintliche Aufputschmittel machte die Kinder nicht etwa wild – sondern ruhig. Der Arzt sprach von einer »paradoxen Wirkung«, die ihm freilich gefiel: Viele der insgesamt 30 Kinder, denen er die Substanz gab, seien »deutlich unterwürfiger« geworden.

Die Versuche des Doktor Bradley gerieten für einige Jahre in Vergessenheit, ehe amerikanische Mediziner Anfang der 60er Jahre wieder zu Amphetaminen griffen, um zu sehen, wie sie auf »hyperkinetische« Kinder wirken. Federführend bei den Experimenten war Leon Eisenberg, ein 41 Jahre alter Nervenarzt.[7] Abends spielte Eisenberg zu Hause mit seiner kleinen

Tochter und seinem kleinen Sohn; tagsüber kümmerte er sich um schwierige Kinderpatienten. Zuerst probierte er in einer klinischen Studie Dextroamphetamin aus, später mussten die kleinen Probanden Methylphenidat schlucken. Eisenberg beobachtet ebenfalls die paradoxe Wirkung: Die tägliche Dosis Aufputschmittel verwandelt temperamentvolle Kinder in gefügige Schüler.

Eigentlich hätte es Eisenberg stutzig machen müssen: Wie kann es sein, dass die Aufputschmittel die Kinder nicht wilder machen, sondern ihren Elan bremsen? Aber er und die anderen Kinderpsychiater damals nahmen die paradoxe Wirkung einfach als Bestätigung dafür, dass mit dem Gehirn der jungen Pillenschlucker etwas nicht stimme. Die Kleinen hätten eben »Hirnschäden« oder »biochemische Veränderungen« im Kopf und würden genau deshalb so sonderbar auf die Aufputschmittel reagieren. Und im Umkehrschluss bedeutete das: Wenn ein Kind Aufputschmittel schluckt und die paradoxe Reaktion zeigt, dann muss es einen erblichen Hirnschaden haben.[8]

Leon Eisenberg veröffentlichte die Ergebnisse zu Methylphenidat Anfang der 70er Jahre. Und diesmal gerieten die Experimente an den Kindern nicht in Vergessenheit. Sein Aufsatz sprach sich herum, die Verschreibungszahlen stiegen – die Ära des Ritalin hatte begonnen. Zur gleichen Zeit verhalf der ehrgeizige Eisenberg dem Krankheitsbild zu höheren Weihen. Auf einem Seminar der Weltgesundheitsorganisation 1967 plädierten er und sein Kollege Mike Rutter mit Nachdruck dafür, die angebliche Hirnstörung als eigenständige Krankheit in den Katalog der psychiatrischen Leiden aufzunehmen. Einigen der eher psychosomatisch geprägten Ärzte in der Runde ging das zu weit, aber Eisenberg hat sich damals durchgesetzt: Im Diagnostischen und Statistischen Handbuch Psychischer Störungen der amerikanischen Psychiatervereinigung APA ist die »hyperkinetische Reaktion auf die Kindheit« im Jahr 1968 aufgetaucht und steht bis heute darin, allerdings unter dem heute gebräuchlichen Namen ADHS. Leon Eisenberg übernahm die Leitung der Psychiatrie am renommierten Massachusetts General Hospital in Boston und wurde zu einem der bekanntesten Nervenärzte der Welt. Auch im Alter von 86 fuhr der Professor noch jeden Tag in sein Büro an der Harvard Medical School.[9]

Doch ausgerechnet er, der wissenschaftliche Vater von ADHS, hat eine erstaunliche Wandlung durchgemacht. Sein Tun als junger Arzt sieht er inzwischen kritisch, und ungläubig verfolgte er, wie ADHS zum Massenphänomen wurde.

Wenn man mit Eisenberg redet, kommt er schnell auf ein Versäumnis zu sprechen, das ihn bis heute reut. »Ich hätte die Mittel eigentlich auch an gesunden Kindern testen müssen«, sagt er und erzählt, wie das dann eine jüngere Kollegin, die Psychiaterin Judith Rapoport, nachgeholt hat. »Judy hatte den Nerv und den Mut, das zu tun, was ich unterließ. Sie nahm ihre eigenen Kinder und Kinder von ihren Mitarbeitern und machte mit ihnen eine Beobachtungsstudie.«

Insgesamt hat Rapoport 14 gesunde Jungen zwischen 6 und 12 Jahren untersucht, die alle sehr gut in der Schule waren. Die Knaben bekamen morgens eine Pille Dextroamphetamin serviert.[10] Und siehe da: Auch diese normalen Kinder zeigten die paradoxe Wirkung, auch sie wurden durch das Aufputschmittel ruhiggestellt. Die paradoxe Reaktion ist also mitnichten ein Hinweis auf eine vermeintliche Hirnstörung, zumal gesunde und angeblich hirngeschädigte Kinder identisch reagieren. Dass sie ruhig werden, liegt an ihrem jungen Alter, wie sich herausstellte: Erst im Erwachsenenalter verspüren Menschen Euphorie, wenn sie aufputschende Medikamente nehmen.

»Die paradoxe Wirkung der verdammten Amphetamine

hängt also vom Alter der Konsumenten ab – und gar nicht davon, ob sie ADHS haben!«, ruft Eisenberg. Das bedeutet: Ganz gleich, ob ein Kind nun organisch gestört im Kopf wäre oder nicht: Wenn es Amphetamine nimmt, wird es ruhiger. Doch gerade diese Reaktion haben Kinderpsychiater immer als Beleg für einen erblichen Hirnschaden gesehen.

Es ist dieser pharmakologische Effekt, auf dem der Mythos von Zappelphilipp aufbaut.»Die genetische Veranlagung für ADHS wird vollkommen überschätzt. ADHS ist ein Paradebeispiel für eine fabrizierte Erkrankung«, sagt Eisenberg. Und er fährt in seiner Kritik fort: Eigentlich sollten Ärzte viel gründlicher die psychosozialen Faktoren ermitteln, die zu einem gestörten Verhalten führen könnten. Gibt es Streitigkeiten zwischen den Eltern, leben Mutter und Vater zusammen, gibt es Probleme in der Schule? Solche Fragen seien wichtig, aber sie nähmen viel Zeit in Anspruch, sagt Eisenberg und seufzt.»Eine Pille zu verschreiben dagegen geht ganz schnell.« Der emeritierte Professor schaut grimmig drein. Den ADHS-Geist, den er rief, wird er nicht mehr los.

Stress der Eltern schadet dem Kind

Während ein ADHS-Gen bis heute nicht gefunden ist, offenbaren viele Studien die Bedeutung der Umwelt für das Gehirn. Diese Einflüsse können bereits wirken, wenn ein Kind noch gar nicht geboren ist. Substanzen wie Nikotin, Drogen und polychlorierte Biphenyle, sogenannte Weichmacher, gelangen durch die Plazenta in den sich entwickelnden Fetus und können sich in seinem Körper anreichern. Alkohol stört die Entwicklung der grauen Zellen, polychlorierte Biphenyle wirbeln den Haushalt der Botenstoffe im Gehirn durcheinander.[11]

Wenn das Denkorgan eines ungeborenen Menschen diesen Schadstoffen ausgesetzt ist, dann steigt die Wahrscheinlichkeit, später im Leben ein Verhalten zu zeigen, das für ADHS typisch ist. Eine gestresste Mutter gehört ebenfalls zu den vorgeburtlichen Risikofaktoren: Mamas Stresshormone gelangen in das Kind und beeinträchtigen dessen Reaktion auf Stress. Auf diese Weise wird womöglich nicht nur einer späteren Hyperaktivität der Boden bereitet, sondern vielleicht auch anderen seelischen Erkrankungen.

Nach der Geburt hat das Elternhaus einen erheblichen Einfluss: Die meisten Kinder mit ADHS wachsen in sozial benachteiligten Familien auf, sind Sprösslinge von Alleinerziehenden und leben in Patchwork-Familien. Übermäßiger Fernsehkonsum ist ebenfalls ein Risikofaktor: Wer stundenlang vor einem Bildschirm sitzt, statt draußen zu toben, beeinträchtigt die Entwicklung des Gehirns, weil sich die Nervenzellen weniger gut vernetzen. Das hat eine Studie an mehr als 1000 Kindern offenbart, die über einen Zeitraum von 13 Jahren (vom Alter 3 bis 15) beobachtet worden sind. Je mehr die kleinen Probanden fernsahen, desto höher war die Wahrscheinlichkeit, dass sie als Jugendliche eine gestörte Aufmerksamkeit hatten.[12]

Womöglich verschlimmert ausgerechnet die Einnahme des ADHS-Mittels Methylphenidat diesen Effekt. Seine dämpfende pharmakologische Wirkung hält die Kleinen davon ab, sich körperlich und geistig auszuleben. Dem Gehirn können dadurch Erfahrungen und Erlebnisse vorenthalten bleiben, die es braucht, um normal zu reifen. Denn wenn sich körperliche und zwischenmenschliche Erfahrungen nicht festschreiben können, fehlt dem Gehirn notwendige Anregung und Herausforderung. Auch ihre Rolle als soziale Außenseiter könnte die Probleme der Kinder auf zellulärer Ebene verschlimmern.

Denn ein niedriger sozialer Status ist mit einem verringerten Gehalt des neuronalen Botenstoffs Dopamin im Gehirn verbunden, wie zumindest Versuchen an Affen ergeben haben.

Gleiches Erbgut, ungleiche Seelengesundheit

Eineiige Zwillinge haben ein identisches Erbgut, aber sie erkranken mitnichten immer an den gleichen psychiatrischen Leiden. Beispiel Schizophrenie: Wenn sie ein reines Erbleiden wäre, dann müsste die Erblichkeit bei einem Faktor von 1,0 liegen. Doch Untersuchungen unter eineiigen Zwillingen zufolge liegt der Faktor nur bei 0,31 – es muss also noch Auslöser geben, die mit den Genen nichts zu tun haben.[13]

Welche das sein könnten, das kann man herausfinden, indem man Kinder untersucht, deren leibliche Mutter schizophren ist, die aber von seelisch gesunden Adoptiveltern großgezogen worden sind. Pekka Tienari und seine Kollegen an der Universität von Oulu in Finnland haben die bisher umfassendste Studie dieser Art gemacht. Zunächst einmal haben sie die Krankenakten von ungefähr 19 000 Frauen gesichtet, die zwischen 1960 und 1979 irgendwo in Finnland in der psychiatrischen Abteilung eines Krankenhauses behandelt worden waren.[14] Aus den Akten filterten sie dann die Namen all jener Frauen, die wegen Schizophrenie in die Psychiatrie gekommen waren. Schließlich suchten sie in Gemeinderegistern und Volkszählungsdaten nach Informationen, ob diese Frauen Kinder bekommen hatten und welche dieser Kinder zur Adoption freigegeben worden waren. In mühseliger Suche gelang es den Forschern, 145 solcher Adoptivkinder ausfindig zu machen. Sie besuchten jedes einzelne Kind und dessen Adoptivfamilie und führten zwei Tage Interviews in verschiedenen Konstellationen: mit jedem Familienmitglied alleine, mit den Eltern, mit der ganzen Familie. Die Forscher machten sich überdies Notizen, wie es um die zwischenmenschlichen Beziehungen bestellt war: Wie gingen die jeweiligen Familienmitglieder miteinander um?

Zum Vergleich gab es eine Kontrollgruppe mit 158 Adoptivkindern, deren leibliche Mutter jeweils nicht schizophren war. Auch diese Kinder und ihre Familien ließen sich zwei Tage lang begutachten.

Anhand ihrer Daten teilten die Forscher die Familien schließlich fünf Gruppen zu. Das Spektrum reichte von »gesund« bis »deutlich dysfunktional«. Des Weiteren dokumentierten Tienari und seine Kollegen, welche Adoptivkinder Symptome einer Schizophrenie zeigten.

Von den 158 Kindern jeweils gesunder leiblicher Mütter waren acht schizophren geworden. Von den 145 Kindern mit schizophrener leiblicher Mutter waren dagegen 32 schizophren geworden – das ist ein Hinweis auf eine biologische Komponente. Ebenso aufschlussreich war es jedoch, die erkrankten Kinder entsprechend ihren Familien zu gruppieren: Von den 32 schizophrenen Kindern mit der genetischen Vorbelastung waren nämlich besonders viele in gestörten, in dysfunktionalen Familien aufgewachsen. Umgekehrt blieben Kinder trotz genetischer Vorbelastung überdurchschnittlich häufig seelisch gesund, wenn sie in einem intakten Elternhaus groß wurden. Neben den Genen gibt es also einen mächtigen Faktor: In einer heilen Familie aufzuwachsen ist der beste Schutz gegen Schizophrenie.

Offenbar entscheiden epigenetische Prägungen mit, ob und wie stark eine Erkrankung aus dem Spektrum der Schizophrenien ausbricht.[15] Dafür sprechen zwei Argumente: Erstens behandeln Ärzte schizophrene Menschen seit langem mit der

Substanz Valproinsäure, die in die epigenetische Steuerung eingreift, weil sie ein körpereigenes Enzym hemmt, das Acetylgruppen vom Erbgut entfernt, die Histondeacetylase. Dieses pharmakologische Wirkprinzip hat man übrigens erst im Nachhinein erkannt.

Zum zweiten haben Forscher die Gehirne verstorbener Menschen untersucht, die an Schizophrenie litten, und in den Nervenzellen Hinweise auf epigenetische Veränderungen gefunden. So war die DNA-Methyltransferase (das Enzym, das andere Gene methyliert und damit ausschaltet) in den Nervenzellen des präfrontalen Kortex überaus aktiv gewesen. Die resultierende Methylierung betraf offenbar zwei bestimmte Gene (*gad67* und *Reelin*), zumal diese in den Gehirnen der Patienten weitgehend abgeschaltet waren.

Vermutlich spielt die Epigenetik generell eine Schlüsselrolle für unser seelisches Wohlbefinden, weil »viele neuronale Erkrankungen letztlich mit einer veränderten Genexpression einhergehen«, wie es der Hirnforscher André Fischer vom European Neuroscience Institute Göttingen ausdrückt. Fischer selbst erforscht die häufigste neurodegenerative Erkrankung, Morbus Alzheimer, an der allein in Deutschland etwa zwei Millionen Menschen leiden. Bei der schrecklichen Erkrankung, die zumeist in höherem Alter auftritt, sterben Nervenzellen ab. Dieser Hirnschwund entsteht offenbar, weil sich in den betroffenen Regionen des Gehirns eine Art Proteinschlacke ablagert.

Die Umwelt formt das Gehirn

Bei der Suche nach dem Auslöser von Alzheimer schauen etliche Forscher nur auf die Gene, dabei spielen auch Einflüsse aus der Umwelt eine gewichtige Rolle. Dass Alzheimer sogar mit Luftverschmutzung zusammenhängen könnte, vermutet die Gruppe um Ulrich Ranft vom Institut für Umweltmedizinische Forschung an der Universität Düsseldorf. Die Wissenschaftler haben knapp 400 ältere Damen untersucht, die seit mehr als 20 Jahren jeweils in bestimmten Städten und Gemeinden in Nordrhein-Westfalen lebten. Sie führten neuropsychologische Tests mit den Anwohnerinnen durch und bewerteten die Luftverschmutzung an den jeweiligen Wohnorten (dazu konnten sie auf amtliche Schadstoffmessungen aus 25 Jahren zurückgreifen). An jenen Wohnorten, an denen die Belastung mit Schadstoffen außergewöhnlich hoch war, hatten die Anwohnerinnen vermehrt mit kognitiven Beeinträchtigungen zu kämpfen. Ergebnisse aus Tierversuchen wiederum zeigen: Feinstaub und ultrafeine Partikel, die bei Verbrennungsprozessen entweichen, können in das Gehirn gelangen und das dortige Nervengewebe entzünden.

Auch soziale Faktoren scheinen das Risiko für Alzheimer direkt zu beeinflussen. Beispiel Bildung: Je mehr ein Mensch gelernt hat, desto stärker ist er vor Alzheimer geschützt. Pauken und Denken erhöhen die Dichte der neuronalen Verbindungen im Gehirn – und statten einen Menschen auf diese Weise mit einer »kognitiven Reserve« aus, die ihm hilft, den Verlust von Nervenzellen im Alter besser zu verkraften. Diesen Schutzschild haben Forscher entdeckt, als sie 130 hochbetagte Mönche und Nonnen untersuchten. Sie testeten die Denkkraft der greisen Geistlichen und obduzierten – nach dem natürlichen Ableben – ihre Gehirne. Die erste Erkenntnis war: Die Nervenzellen der Nonnen und Mönche waren, egal welche Ausbildung sie jeweils hatten, im gleichen Ausmaß von den für Alzheimer typischen Ablagerungen betroffen. Zweitens gab es dennoch einen bemerkenswerten Unterschied: Die Nonnen und Priester mit besonders guter Ausbildung waren geistig fit geblieben, sie hatten sich ihre hohen kognitiven Fähigkeiten bis in die letzte Phase ihres Lebens erhalten. Diese Menschen schienen gefeit gegen die Symptome der für Alzheimer typischen Ablagerungen: Diese zeigten sie erst, wenn sich in ihren Nervenzellen fünfmal mehr Ablagerungen angesammelt hatten als in den Gehirnen der weniger gebildeten Vergleichspersonen. Ihre gute Ausbildung hatte ihnen offenbar besonders plastische Nervenzellen beschert, die gegen Morbus Alzheimer erstaunlich immun sind.

Wacher Geist in bewegtem Körper

Körperliche Aktivität mindert ebenfalls das Risiko, an Alzheimer zu erkranken. Sie kurbelt nämlich im Hippocampus die Produktion des Wachstumsfaktors BDNF (für: *brain-derived neurotrophic factor*) an, der sich im Schädelfach positiv auswirkt: Zum einen schützt er Nervenzellen und erhält diese erregbar und plastisch; andererseits begünstigt BDNF im Hippocampus die Herstellung frischer Neuronen. Dass ausgerechnet körperliche Bewegung neue Nervenzellen sprießen lässt, hat vermutlich einen evolutionären Hintergrund. Unsere Vorfahren in der Steinzeit haben jeden Tag ungefähr 40 Kilometer zu Fuß absolviert und auf diesen Streifzügen etliche Abenteuer überstehen müssen. Um die neuen Situationen unterwegs verarbeiten zu können, hielt das Gehirn immer einen Vorrat an frischen Neuronen vor. Das erklärt, warum sportlich aktive Menschen mehr Nervenzellen produzieren als Zeitgenossen, die träge vor einem Bildschirm verharren.

Der Göttinger Hirnforscher André Fischer und seine Kollegen haben dazu bemerkenswerte Experimente gemacht, und zwar an Mäusen, die unter massivem Hirnschwund litten.[16]

Sie hielten diese Tiere, die bereits ein Viertel ihrer Hirnzellen eingebüßt hatten, vier Wochen lang in geräumigen Gehegen, in denen sie durch Tunnel flitzen, auf Laufrädern rennen und Nester bauen konnten. Die stimulierende Umwelt wirkte wie eine gute Medizin auf die verschrumpelten Gehirne. Die Tiere schnitten in Lerntests wieder so gut ab wie gesunde Artgenossen und konnten auch Gedächtnisinhalte wieder normal abrufen. Dank der anregenden Umwelt war es den übrig gebliebenen Nervenzellen gelungen, den Ausfall der abgestorbenen Neuronen auszugleichen.

Dieser Kompensation war verbunden mit einer veränderten Epigenetik in den Nervenzellen des Hippocampus und des Kortex. Die anregende Umwelt hatte nämlich die Art und Weise verändert, nach der das Erbgut in den Zellen verpackt war. Bestimmte Verpackungsproteine (Histon 3 und Histon 4) waren außergewöhnlich stark acetyliert. Die Folge: Die in dem Gebiet liegenden Gene konnten besser abgelesen werden und machten die Nervenzellen besonders erregbar und plastisch.

Den gleichen Effekt konnten André Fischer und seine Mitarbeiter mit einem pharmakologischen Wirkstoff herbeiführen. Sie gaben Mäusen mit Hirnschwund eine Substanz, die zu einer erhöhten Acetylierung führt: Auch diese Tiere konnten besser lernen und Gedächtnisinhalte abrufen.

Was Hirnzellen süchtig macht

Epigenetische Mechanismen scheinen auch bei der Sucht nach Alkohol und illegalen Drogen eine Rolle zu spielen. Suchtstoffe entfalten ihre abhängig machende Wirkung, indem sie auf unser Belohnungszentrum im Gehirn einwirken, zu dem eine Struktur namens Nucleus accumbens gehört.

Diese Struktur ist normalerweise für Wonnegefühle zuständig, wie man sie etwa bei einem Festschmaus oder einem amourösen Abenteuer verspüren mag. Aber auch Drogen wie Kokain wirken auf den Nucleus accumbens, und zwar so heftig, dass nur noch die Droge das glücklich machende Gefühl auszulösen vermag. In kokainsüchtigen Tieren sind die Nervenzellen des Nucleus accumbens stark verändert: Weil sie überdurchschnittlich viele Fortsätze haben, sehen sie wie kleine Büschel aus. Und wegen der vielen Fortsätze können die Nervenzellen untereinander besonders intensiv Informationen austauschen – was die Zellen gleichsam süchtig macht nach dem nächsten Kick.

Diese Verwandlung einer normalen Nervenzelle in eine süchtige Nervenzelle hängt von einem Gen (namens *cdk5*) ab. Und just dieses Gen wird epigenetisch verändert, wenn man Ratten Kokain verabreicht: Viermal mehr Acetylgruppen als gewöhnlich finden sich daran, so dass *cdk5* angeschaltet wird. Das heißt also: Über eine veränderte Epigenetik legt das Kokain ein biologisches Suchtgedächtnis an. Die Nervenzellen des Nucleus accumbens bilden in der Folge zusätzliche Fortsätze aus und wollen immer stärker erregt sein – das Gehirn ist auf Droge.

Ein neues Verständnis von seelischen Leiden

Von den mehr als 200 verschiedenen Zelltypen des Menschen sind keine so empfänglich für Signale aus der Außenwelt wie die Nervenzellen. Um Erfahrungen zu erfassen oder Gedächtnisinhalte zu speichern, ändern Nervenzellen unentwegt ihre epigenetische Signatur – hier wird ein Gen gezielt angeschaltet, dort ein anderes ausgeschaltet. Diese dynamische Signatur der Nervenzellen stellt vermutlich auch die Angriffsfläche für Einflüsse dar, die das Risiko für seelische Erkrankungen erhöhen. Diese Einflüsse verändern womöglich die Art und Weise, wie das Erbmolekül DNA verpackt ist. Wenn dadurch bestimmte Gene nicht mehr angelesen werden können, dann schwäche dies die Plastizität der Nervenzellen, befürchtet der Göttinger Hirnforscher André Fischer: Irgendwann werde ein kritischer Punkt erreicht, an dem neurologische und psychische Erkrankungen entstehen.

Zu den abträglichen Einflüssen gehören nicht nur Umweltgifte und Suchtstoffe, sondern auch soziale Faktoren wie andauernder Stress und Überforderung. Schädigen diese Faktoren beispielsweise bestimmte Nervenzellen des präfrontalen Kortex, dann können Psychosen entstehen. Wird dagegen die Plastizität der Nervenzellen des Hippocampus gestört, kann dies zu Morbus Alzheimer führen. Die Veränderung der epigenetischen Signatur der Nervenzellen hält Fischer für einen zentralen Krankheitsauslöser. In ihr sei das Nadelöhr seelischer Erkrankungen zu sehen.

Doch in der Psychiatrie herrscht ein anderes, ein veraltetes Krankheitsverständnis vor. Es regiert die Biologie: Erkrankungen des Gehirns werden auf genetische Ursachen zurückgeführt und mit Tabletten behandelt. Während die Psychotherapie an den Rand gedrängt wird,[17] treiben pharmazeutische Unternehmen die Biologisierung der Psychiatrie voran. Die Industrie bezahlt mittlerweile mehr als 80 Prozent der klinischen Studien zu seelischen Erkrankungen und kontrolliert die Ergebnisse: Vielversprechende Resultate werden veröffentlicht, nachteilige Daten verschwinden in der Schublade. Manche Medizinprofessoren finden nichts weiter dabei, für pharmazeutische Firmen als Berater in den Ring zu steigen. Gegen satte Honorare halten sie dann auf Kongressen und Pressekonferenzen Vorträge und stellen seelische Erkrankungen als vornehmlich biologische Probleme dar.

Diese Sicht hat auch historische Gründe. Früher wurde die Psychiatrie innerhalb der Ärzteschaft gerne als Fach belächelt, dem ein wissenschaftliches Fundament fehle. Umso emsiger streichen Psychiater die vermeintlichen »harten« biologischen Wurzeln seelischer Erkrankungen heraus und leugnen die angeblich »weichen« Einflüsse aus der Umwelt. Das schließlich freut das medizinische Laienpublikum, weil die Schuld an ADHS, Depressionen, Schizophrenie ja in den Genen liegt.

Ausgerechnet die neurobiologische Forschung hat diese Sicht jetzt als Trugschluss entlarvt. Entscheidend ist, wie die Gene gesteuert werden. Ob und wann dies geschieht, unterliegt dem Einfluss der Umwelt. Suchtstoffe und Umweltchemikalien, aber auch Erfahrungen, Gefühle und Beziehungen führen zu biologischen Spuren in den Nervenzellen und entscheiden maßgeblich, wie es der Seele geht.

Kapitel 6
Das Märchen von den Marionetten

Eigentlich ist Geoffrey Miller ein braver Familienvater. Wenn er sich für leicht bekleidete Frauen interessiert, dann nur, um psychologische Erkenntnisse zu gewinnen. Er stellte verstärkt Nachforschungen über einschlägige Etablissements in den schlechteren Gegenden seiner Heimatstadt Albuquerque (US-Bundesstaat New Mexico) an.

Das männliche Publikum in den Clubs kam aus allen Schichten, junge Kerle waren darunter, aber auch abenteuerlustige Großväter, alle mit reichlich Dollarscheinen ausgestattet. Leicht alkoholisiert, so erfuhr Psychologe Miller, widmeten sich die Männer den Attraktionen des Abends, den Striptease-Tänzerinnen.

Die Damen boten eine Dienstleistung, die in den eher prüden Vereinigten Staaten noch nicht als Prostitution gilt und aus diesem Grund in den von Miller untersuchten »Gentlemen's Clubs« von den Ordnungshütern noch geduldet wird. Sie offerierten den so genannte lap dance. Die Frau setzt sich auf den Schoß eines Mannes, und die beiden bewegen sich im Rhythmus der Musik.

Mitgetanzt hat Miller dann doch nicht. Lieber betrachtete er das Treiben mit den Augen des Psychologen und hielt es in der Sprache des Wissenschaftlers fest:[1] Der Tanz bringe »typischerweise rhythmischen Kontakt zwischen dem weiblichen

Becken und dem mit Kleidern bedeckten männlichen Penis«. Nach drei Minuten ist er vorbei, und die Frau bekommt dafür Geld, mindestens zehn Dollar, oft deutlich mehr.

Wovon hängt es eigentlich ab, wie viel Geld ein Mann der barbusigen Tänzerin zusteckt?

Um diese Frage hat sich Millers Feldstudie gedreht, die er mit anderen Psychologen von der University of New Mexico durchgeführt hat: Sie verfolgten den Arbeitsalltag von 18 Tänzerinnen über 60 Tage hinweg und holten zwei Informationen ein: Einerseits ließen sie die Frauen den Monatszyklus protokollieren; zum anderen wollten sie die genaue Höhe der jeweiligen Tageseinnahmen wissen.

Das Abgleichen der Daten ergab ein überraschendes Ergebnis: Ein Mann ist immer dann besonders freigiebig, wenn die Tänzerin gerade in ihrer fruchtbaren Phase ist. In den Tagen um ihren Eisprung herum verdienten die Tänzerinnen durchschnittlich 335 Dollar in einer Schicht – während der Menstruation waren es nur 185 Dollar.

Gutes Geld, gute Gene?

Auf welche Weise die Männer die Empfängnisbereitschaft der Frauen gespürt haben könnten, bleibt rätselhaft. Die Motive der spendablen Männer zu erklären, haben Miller und seine Kollegen Forscher jedoch keine Mühe. Im Zustecken der Dollarscheine sehen sie einen unbewusst ablaufenden Dialog: Die Männer haben demnach versucht, mit dem Geld einen hohen sozialen Status zu demonstrieren. Dieses Status-Signal werde von den Frauen als Hinweis auf gute Erbanlagen gewertet.

Verfügen spendable Männer über die besseren Gene? Diesen Zusammenhang will auch Daniel Kruger von der University of Michigan in Ann Arbor ausgemacht haben.[2] Er hat Männer im Alter von 18 bis 45 Jahren zu ihrem Liebesleben sowie zu ihrem Umgang mit Geld befragt. Jene 25 Prozent, die besonders geizig und knauserig waren, hatten in den vergangenen fünf Jahren mit drei Frauen geschlafen. Dagegen hatten jene 25 Prozent der Männer, die besonders verschwenderisch waren und sogar Schulden nicht scheuten, im gleichen Zeitraum mit doppelt so vielen Partnerinnen Sex gehabt.

Sind es also evolutionär verdrahtete Verhaltensweisen, die Männer dazu bringen, auf Pump zu leben? Erklären die Gene die Gier der (mehrheitlich männlichen) Bankmanager, weil die mit immer gewaltigeren Gewinnen etwaigen Sexualpartnerinnen imponieren wollen? Daniel Kruger gibt sich davon überzeugt. Das ökonomische Verhalten von Männern diene vor allem dazu, Frauen einen hohen Status zu signalisieren. »In der Welt unserer Vorfahren galten Männer etwas, wenn sie gute Versorger waren«, sagt er. »Jetzt haben wir diese neue Konsumgesellschaft, und wir zeigen unser Potential durch die Produkte, die wir kaufen.«

Es ist eine Vorstellung, die Geoffrey Miller absolut teilt. Statt sich wie die Urahnen um das beste Weibchen zu prügeln, werde der Kampf heute erfreulicherweise gewaltfrei ausgetragen: mittels »ökonomischer Rivalität«. Miller hat ein Buch mit dem bezeichnenden Titel *Spent: Sex, Evolution and Consumer Behavior* zum Thema verfasst, in dem er schreibt: »Die Menschen entwickelten sich in kleinen sozialen Gruppen, in denen das Ansehen und der Status ungemein wichtig waren.« Dieses Erbe drücke sich heutzutage vor allem in Konsum und Kauflust aus. »Viele Produkte sind zuallererst Signale und nur an zweiter Stelle Objekte für den Gebrauch.«[3]

So wie der Hirsch sein prächtiges Geweih zeigt, so laufen Männer demnach vor allem deshalb im sündhaft teuren Anzug herum, weil sie der Welt zeigen wollen, wie kostbar doch ihre Gene sind. Eine Luxuslimousine fungiert als des Mannes Gegenstück zum Pfauenschwanz. Mit der farbenprächtigen Federschleppe signalisiert der Hahn, dass er durch und durch gesund ist und mithin über vorzügliches Erbmaterial verfügt.

Solch eine Funktion als Fitness-Indikator schreibt Psychologe Miller in seinem Buch vor allem dem Erwerb von Luxusartikeln zu, der häufig regelrecht inszeniert wird. Doch nicht nur der Millionär, sondern auch der weniger betuchte Mann sei ein »mit Fitness protzender, sich selbst liebender Verbraucher, der das ganze Leben lang durch euphemistische Werbung und Gruppenzwang dazu verführt worden ist, unsinnig Geld auszugeben«.

Das Konsumverhalten ist nur eine von vielen Verhaltensweisen, welche unsere Gene uns angeblich in grauer Vorzeit einprogrammiert haben. Ob Seitensprung, Eifersuchtsanfall oder gar Mord – die Zunft der Evolutionspsychologen sieht im Grunde alle Aspekte menschlichen Verhalten als ein Erbe der Biologie. Evolutionär verdrahtete Motive steuerten unser Tun und Lassen, unser Sinnen und Trachten. Das Verhalten des Menschen gelte am Ende nur einem Zweck: möglichst viele und »hochwertige« Nachkommen zu zeugen.

Steht der moderne Mensch im Bann der Steinzeit? Die allermeiste Zeit seiner Entwicklungsgeschichte – etwa 99 Prozent – lebte der Mensch als Jäger und Sammler. Die Urahnen zogen in Horden von 50 bis 100 Artgenossen durch die afrikanische Savanne. In dieser Zeit habe »die natürliche Selektion allmählich das menschliche Gehirn modelliert«, sagt Leda Cosmides von der University of California in Santa Barbara (US-Bundesstaat Kalifornien), eine besonders bekannte Evolutionspsychologin. Aus diesem Grund seien Module im Kopf verdrahtet, die das Verhalten des Menschen vorbestimmen.

Der soziale Faktor formt den Geist

Diese Betrachtung des menschlichen Verhaltens ist allerdings umstritten. Gewiss: Stoffwechsel und Fortpflanzung sind biologische Erbschaften aus dem Tierreich, und natürlich ist unser Körper ein Erbe der Evolution. Das merkt jeder, dem das Kreuz weh tut – Rückenschmerzen sind die Folge des aufrechten Ganges.

Ganz anders sieht es aber mit dem Geist aus. Die Nervenzellen sind die stoffliche Basis für die Kognition; unser Denken ist aber davon entkoppelt. Für Sprache und andere kognitive Fähigkeiten existieren keine festgelegten genetischen Programme. Mentalität, Verhaltensweisen und Kultur nehmen heranwachsende Kinder auf, weil sie in ihrer jeweiligen Gruppe sozialisiert werden. Emile Durkheim, der Vater der modernen Soziologie, beschreibt die menschliche Natur als »Rohstoff, den der soziale Faktor formt und wandelt«. Gerade sein komplexes Gehirn habe es dem Menschen erlaubt, sich von seiner Biologie zu emanzipieren.

Die Evolutionspsychologen versuchen diese Kritik als Genörgel jener abzutun, die sich mit der scheinbar wachsenden Deutungshoheit der Neurowissenschaften nicht abfinden möchten. Pikanterweise sind es jedoch die Erkenntnisse der Neurogenetik selbst, die offenbaren: Man kann das Verhalten des modernen Menschen tatsächlich nicht auf ein Erbe aus der Steinzeit reduzieren. Die Evolution der menschlichen Seele ist rasanter und vielgestaltiger verlaufen, als man es bis vor kurzem noch für möglich gehalten hat.

Die Evolutionspsychologie, sagt etwa der amerikanische Philosoph David Buller, biete nicht mehr als »großspurige und umfassende Behauptungen über die menschliche Natur für den Massengebrauch«.[4] Die Argumentation der Evolutionspsychologen ist holzschnittartig, weil ihre Storys zumeist auf der Behauptung aufbauen, die Geschlechter verfolgten in Sachen Sex unterschiedliche Ziele. Frauen können mit viel Aufwand nur wenige Kinder in die Welt setzen. Männern dagegen reicht mitunter wenig Aufwand, um viele Kinder zu haben. Männer suchen Masse, Frauen dagegen Klasse – um diesen Konflikt herum spinnen Evolutionspsychologen ihre Geschichten.

Passend zur großen Finanzkrise zu Beginn des 21. Jahrhunderts verlegen Autoren wie Miller und Kruger die Handlung in die Welt des Konsums und bringen die Frage nach dem sozialen Ansehen ins Spiel: Status werde in den westlichen Industriegesellschaften durch Luxusgüter bestimmt. Wie wichtig das Ansehen für einen Menschen sein kann, das beschreibt der Autor Alain de Botton in seinem Buch Statusangst: »Leute mit einem bestimmten Status haben Zugang zu mehr Ressourcen, sie genießen mehr Freiheit, Raum, Komfort, und – was vielleicht am wichtigsten ist – sie genießen das Gefühl, gut versorgt zu sein und für wertvoll gehalten zu werden.«[5]

Ein schöner Satz – und klug zudem, weil der Autor nicht vom Virus der Evolutionspsychologie angesteckt ist – und die angeblich so große Bedeutung des Status auf das Paarungsverhalten gar nicht erwähnt. Geoffrey Miller dagegen sieht das ganz anderes. Er hat nicht nur die Tänzerinnen studiert, sondern 89 männliche Studenten und deren erotische Phantasien untersucht. Miller und seine Mitarbeiter zeigten den Studenten auf dem Computermonitor attraktive Frauen und baten sie, sich ein Rendezvous mit ihnen auszumalen. Den nunmehr sexuell erregten Probanden gaben die Forscher dann eine imaginäre Summe in Höhe von 5000 Dollar und wollten von ihnen jeweils wissen, wie viel des Geldes sie für Konsumgüter ausgeben würden, die den Status erhöhen, beispielsweise für ein schickes Mobiltelefon oder für eine Reise nach Übersee. Im Vergleich zu Probanden, die keine Fotos mit schönen Frauen zu sehen bekamen, waren die erregten jungen Männer gewillt, sich den Luxus deutlich mehr kosten zu lassen.

Honda-Papa für Porsche-Baby?

Allerdings ist die Studie ein reines Gedankenspiel, so wie auch eine andere Befragung, die sich darum dreht, ob Frauen auf die Statussymbole der Männer wirklich so stark reagieren und erhöhte Paarungsbereitschaft zeigen. Der Befragung zufolge bewerten Frauen einen Porsche-Fahrer als attraktiver als einen Honda-Mann, allerdings nur für den schnellen Sex, nicht als langjährigen Partner in einer Ehe.[6] Das Protzen mit dem Porsche, folgert daraus Psychologe Miller, löse bei den Frauen unbewusst die Vorstellung aus, der Sportwagenbesitzer habe die begehrenswerteren Gene. Für die Aufzucht des heimlich gezeugten Porsche-Babys dagegen könne der Honda-Papa herhalten.

Inwiefern ein Produkt zum Fitness-Indikator taugt, hängt Miller zufolge ganz entscheidend von dessen Image und damit der Werbung ab. Aus evolutionärer Sicht müsse eine Anzeige sich deshalb stets an zwei Gruppen richten: einerseits an die potentiellen Käufer, die sich ein luxuriöses Auto tatsächlich leisten können; zum anderen aber auch an die vielen nicht so kaufkräftigen Menschen, welche die Anzeige sehen und das dort vermittelte Image dann auf die Käufer übertragen.

In seinem Buch versucht Miller dies anhand von BMW-Anzeigen zu belegen. Viele von ihnen richteten sich eher an die Bewunderer der Marke, um ihnen »Respekt einzuflößen vor der winzigen Minderheit, die sich die Autos leisten kann«.

Ebendeshalb schalte der Hersteller Anzeigen in auflagenstarken Magazinen. Dort würden zwar nicht so viele potentielle Kunden erreicht, aber viele Menschen, bei denen der für die Vermarktung so entscheidende Respekt vor BMW-Besitzern aufgebaut wird.

Nun wird kaum ein Soziologe bestreiten, dass das Streben nach einem hohen Status eine wichtige Triebfeder des Homo oeconomicus ist. Doch wird er dabei wirklich von einem evolutionären Streben nach Fortpflanzung geleitet?

Das eindimensionale Denken und Ausblenden von Widersprüchen ist typisch für die Evolutionspsychologen. Sie greifen beliebige Facetten des menschlichen Daseins heraus und führen diese auf irgendeinen reproduktiven Nutzen zurück – bis hin zur Vergewaltigung. Auch wenn sie die Vielfalt kultureller Phänomene zu erklären versuchen, klingen ihre Argumente hohl: Warum etwa lieben Menschen Musik? Ganz einfach: Wer ein Instrument beherrschen will, der muss viel Zeit und Energie investieren, was er nur kann, weil er vorzügliche Gene hat. Folglich spielen Männer nur deshalb Gitarre, um den lauschenden Weibchen ihre genetische Fitness zu signalisieren. Die Frauen wären demnach geborene Zuhörerinnen, die sich an den besten Musikanten heranmachten.

Anthropologen können ihre Mutmaßungen über die Entstehung des Körpers wenigstens an fossilen Knochen und Schädeln festmachen – über den Ursprung des Geistes dagegen lässt sich nur rätseln und raten. Und paläontologische Funde verraten so gut wie nichts über »die sozialen Wechselwirkungen, die für die psychologische Evolution des Menschen von grundlegender Bedeutung gewesen sind«, sagt Philosoph David Buller. Ebenso wenig könne man heute von den lebenden Jägern und Sammlern auf die Ahnen schließen. Eines zumindest ist schon klar. In prähistorischer Zeit lebten

Menschen und Völker in höchst unterschiedlichen Lebensräumen. Entsprechend flexibel und anpassungsfähig ist das menschliche Verhalten.

Spekulationen aus Mangel an Beweisen

Aus Mangel an fossilen Beweisen versuchen Evolutionspsychologen, ihre Mutmaßungen anhand von Befragungen und soziologischen Daten zu belegen. Aber auch hier tun sich Ungereimtheiten auf: Eine Schlüsselrolle für die Evolutionstheorie spielt beispielsweise das Verhalten der »weiblichen Doppelstrategie«. So wolle eine Frau einen Mann dauerhaft an sich binden, damit er ihre Kinder versorge. Doch nicht alle Sprösslinge müssen vom treuherzigen Familienvater sein. Deshalb begehe die Frau Seitensprünge, allerdings nur mit Männern, die genetisch »fitter« seien als der Papa zu Hause, dem sie außerehelich gezeugte Kinder dann unterschiebe. Diese angeblich evolutionär verdrahtete Neigung zum Seitensprung haben Forscher mit einer eindrucksvollen Zahl zu belegen versucht: Sage und schreibe zehn Prozent aller Menschen, in Deutschland wie auch andernorts, seien in Wahrheit Kuckuckskinder.

Eine kritische Bewertung der oft kolportierten Zahl ergibt aber: Ganz so durchtrieben sind Frauen dann doch nicht. Demnach liegt der Anteil der Kuckuckskinder bei 3,7 Prozent – reicht das noch aus, um eine »weibliche Doppelstrategie« zu belegen?

Ein anderes Beispiel ist der Mythos vom bösen Stiefvater. Den Evolutionspsychologen zufolge gehe es Männern nur darum, die leiblichen Kinder gedeihen zu sehen. In der Steinzeit hätten Männer etwaige Stiefkinder vernachlässigt, misshandelt oder gar getötet. So gehe das bis heute: Für Kinder, die mit einem nichtleiblichen Elternteil leben, sei das Risiko, misshandelt zu werden, 40-mal höher als für jene, die mit der leiblichen Mutter und dem leiblichen Vater aufwachsen.

Doch wo kommt diese Zahl her? Der Philosoph David Buller hat sich die Daten genauer angeschaut – und zieht ganz andere Schlüsse. Aussagekräftige Statistiken zum Thema gebe es gar nicht. Zudem würden Übergriffe eines Stiefvaters häufiger gemeldet, während leibliche Eltern ihre Misshandlungen eher verheimlichen können. Bezogen auf schwere Gewalttaten gegen Kinder gebe es »keinen nennenswerten Unterschied« zwischen leiblichen Eltern und Stiefvätern.[7]

Evolution im Sauseschritt

Doch nicht nur an den von Evolutionspsychologen angeführten Daten mehren sich die Zweifel. Auch ihre Grundannahme hat sich – ausgerechnet durch neue Erkenntnisse der Genetiker – weitgehend in Luft aufgelöst.

Der Geist des Menschen sei auf die prähistorische Zeit gepolt, ist ja das Credo der Evolutionspsychologen. Der Körper und damit auch das Gehirn seien in der Phase des Pleistozäns (vor 1,8 Millionen bis 10 000 Jahren) geformt worden und hätten sich seither nicht an die historische Zeit anpassen können, weil dazu die Mühlen der Evolution schlechtweg zu langsam mahlten. Dies ist die Formel, auf der die Evolutionspsychologie aufbaut. Die Forscher Leda Cosmides und John Tooby haben es so ausgedrückt:»Unsere modernen Schädel beherbergen einen Geist aus der Steinzeit.«

Just dieser Geist hat jedoch in jüngster Zeit Erkenntnisse gewonnen, welche die Annahme von der langsamen Evolution gründlich in Zweifel ziehen. Eher das Gegenteil scheint der Fall: Viele Facetten der menschlichen Psychologie sind offenbar erst nach der Steinzeit entstanden.

Das haben Molekularbiologen herausgefunden, als sie Veränderungen im Erbgut aufspürten und das Alter dieser Mutationen berechneten. Demnach hat die Evolution das menschliche Erbgut gerade in den vergangenen 10 000 Jahren viel stärker verändert als angenommen.[8]

Die amerikanischen Anthropologen Henry Harpending und John Hawks haben 270 Menschen aus vier verschiedenen ethnischen Gruppen verglichen: Chinesen, Japaner, Nordeuropäer und Afrikaner aus Nigeria (Yoruba).[9] Mindestens sieben Prozent der Gene haben sich in den vergangenen 5000 Jahren verändert. Zum Beispiel hat sich die Fähigkeit, auch als Erwachsener Milchzucker (Lactose) zu verdauen, erst in den vergangenen 10 000 bis 6000 Jahren ausgebreitet. Mittlerweile tragen 95 Prozent aller Menschen in Norddeutschland die Mutation; davon unabhängig ist sie aber auch unter den Massai und dem Volk der Samen entstanden – eine durchaus rasante Evolution.

In einer anderen Studie haben die Forscher die menschlichen Erbanlagen durchforstet.[10] Und auch hier ergab sich: Mehr als 300 Stellen in unserem Genom sind erst vor vergleichsweise kurzer Zeit verändert worden: Eine dieser jüngeren Veränderungen macht resistent gegen das Lassa-Fieber, eine andere schützt vor Malaria; unter Nordeuropäern wiederum sind Gene für eine blasse Haut und blaue Augen evolviert.

Interessanterweise sind die blauen Augen nicht deshalb entstanden, weil ein Gen für die Augenfarbe mutiert wäre. Vielmehr hat sich nur die Art und Weise verändert, wie ein bestimmtes Gen aktiviert wird. Einmal mehr kommt die Steuerung der Erbanlagen ins Spiel: Evolution läuft nicht nur ab, wenn sich die Gene selbst wandeln, sondern auch dann, wenn ihre Kontrolle verändert wird.

Das könnte erklären, warum die Evolution gerade in den vergangenen 10 000 Jahren hundertmal schneller abgelaufen ist als jemals zuvor in der Geschichte der Menschwerdung. Das Tempo der menschlichen Evolution hat sich offenbar durch die abwechslungsreicher und vielfältiger werdende Umwelt beschleunigt. Mit Erfindung der Landwirtschaft und dem Aufkommen von größeren Siedlungen vor 10 000 Jahren bekamen es die Menschen auf einmal mit vielen neuen Dingen zu tun: mit Behausungen, ungewohnten Nahrungsmitteln und mit Krankheitserregern, die von Rindern, Schweinen und anderen domestizierten Tierarten übertragen wurden.

Auch im Gehirn hat die sich schnell verändernde Umwelt zu verschiedenen Anpassungen geführt. So gehören zu jenen Genen, die evolutionär gesehen »jung« sind, auch einige, die den Zuckerstoffwechsel im Gehirn steuern. Die schnell ablaufenden Veränderungen des menschlichen Geistes werden die Evolutionspsychologen wohl niemals zu fassen kriegen. Unser Gehirn hat sich vom biologischen Erbe offenbar schon vor einiger Zeit frei gemacht. So weit sind Seele und Verhalten evolviert, dass sie sich um den biologischen Befehl zur Fortpflanzung nicht weiter scheren.

Schein-Entdeckungen amüsieren das Publikum

Der Abschnitt Xq28 auf dem Geschlechtschromosom X war mal richtig berühmt. Das »Schwulen-Gen«, verkündete der amerikanische Molekularbiologe Dean Hamer Anfang der 90er Jahre, liege auf diesem Abschnitt des Erbguts. Die vermeint-

liche Entdeckung einer biologischen Grundlage der Homo-
sexualität sorgte damals für Debatten in der ganzen Welt. Die
einen begrüßten die triumphale Meldung der Biologen. Wenn
das Schwulsein angeboren sei, würden es alle Teile der Gesellschaft endlich als naturgegeben akzeptieren: Mehr Verständnis für homosexuelle Männer werde die Folge sein. Andere
fürchteten eine verstärkte Diskriminierung von Schwulen.
Jetzt, da der »Defekt« entdeckt sei, könne man die Betroffenen per Gentest ausfindig machen und versuchen, sie zu behandeln. Mit Leidenschaft und Eifer meldeten sich Sexualwis-
senschaftler, Soziologen und Aktivisten zu Wort; Journalisten
widmeten dem scheinbar sensationellen Befund seitenlange
Artikel – viel Lärm um nichts. Xq28 umfasst vier Millionen
Basenpaare mit einigen Genen – von dem postulierten Schwulen-Gen allerdings fand sich trotz intensivster Suche keine
Spur. Die beharrlichen Versuche, die sexuellen Vorlieben von
Männern und auch Frauen an bestimmten Genen festzuma-
chen, dürfen als gescheitert bezeichnet werden. Kleinlaut erklären die Forscher: Vermutlich sind ganz viele Gene in einer
Nebenrolle involviert, und hinzu kommen ganz, ganz viele
Umwelteinflüsse. Man könnte den aktuellen Stand der Forschung auch so ausdrücken: Man weiß nicht, wie sich die sexuellen Vorlieben ausprägen.

Auf der Suche nach dem Schwulen-Gen haben sich die beteiligten Forscher zutiefst blamiert. Gleichwohl ist die Gen-
Gläubigkeit nicht zu erschüttern. Das mag dem kollektiven
Kurzzeitgedächtnis geschuldet sein, der Sehnsucht nach einfachen Erklärungen oder dem Unterhaltungswert der immer
neuen Funde, der ja nicht zu bestreiten ist: Einer neueren Studie zufolge sprechen Mäuse mit einem ausgeschalteten Gen
namens *camk4* besonders auf Rauschgift an – und schon ist
vom »Kokain-Gen« die Rede. In Wahrheit aber ist die Gemen-

gelage unklar: Die Hälfte der Süchtigen haben durchaus ein intaktes *camk4*-Gen. Und beinahe die Hälfte der Nichtsüchtigen wiederum trägt das vermeintliche Gen für Sucht. In einem anderen Experiment hing ein Erbfaktor namens *avpr1a* mit besonders rücksichtslosem Verhalten zusammen. Prompt wurde spekuliert, dieses »Diktator-Gen« erkläre die Gräueltaten von Adolf Hitler. Allerdings schrieben andere Studien dem *avpr1a* ganz andere Eigenschaften zu: musikalische Begabung, Talent zum Tanzen, Vorlieben für bestimmte Nahrungsmittel und das Vermögen, mit dem Ehepartner auszukommen.[11]

Einen Sturm der Entrüstung schließlich hat der neuseeländische Epidemiologe Rod Lea entfacht, als er die Entdeckung eines »Krieger-Gens« verkündete. Mit einer bestimmen Variante des *mao-a*-Gens erklärte er das aggressive Verhalten der Maori, der Ureinwohner Neuseelands. Mehr noch: Auch die Probleme der Maori in der modernen Gesellschaft – ein Hang zum Glücksspiel und Drogensucht – brachte Lea mit dem Gen in Verbindung. Rätselhaft allerdings bleibt, warum der Forscher die angebliche Wirkung des Gens überhaupt auf die Maori zuschneidet: 60 Prozent aller Asiaten tragen schließlich das angebliche »Krieger-Gen«; unter den Europäern dürfte der Anteil bei 40 Prozent liegen.

In den 80er Jahren meldeten Forscher den sensationellen Fund eines Gens für Schizophrenie, das sie in Familien in Island und Großbritannien gefunden haben wollten.[12] Ihre Behauptung hat sich längst als falsch erwiesen, doch keiner erinnert sich mehr an diese Pleite. Inzwischen gibt es angeblich eine neue Entdeckung: Diesmal soll es ein Erbfaktor namens Neuregulin-1 sein, der mit der Schizophrenie zusammenhängt – man darf gespannt sein, wie man in zehn Jahren darüber urteilen wird.

Mit ihren Schein-Entdeckungen unterhalten die Verhaltensgenetiker die Öffentlichkeit seit Jahren. Das Verhalten des Menschen versuchen sie ganz simpel zu erklären. Schüchtern, cholerisch, melancholisch – alles in die Wiege gelegt. Dahinter verbirgt sich die Vorstellung, ein bestimmtes Gen präge unweigerlich eine bestimmte Facette unserer Persönlichkeit. Und aus diesem Grund könnten Menschen sich nicht ändern.

Nebenbuhler wirken auf das Gehirn ein

Doch studiert man genau, was Untersuchungen an Tausenden von Geschwistern, Zwillingen und adoptierten Kindern hervorgebracht haben, dann ergeben sich viele offene Fragen. Die genetischen Mechanismen, die hinter der Persönlichkeit stehen, sind »eines der größten Rätsel der Verhaltensforschung«.[13] Unstrittig ist immerhin: Die mit beharrlicher Regelmäßigkeit vermeldeten »Verhaltensgene« gibt es so gar nicht, sondern viele genetische Mechanismen und kulturelle Faktoren kommen zusammen, wenn sich vermeintliche Anlagen für Selbstbewusstsein, Religiosität oder etwa Ehrgeiz ausprägen.

Und vor allem: Der Einfluss der Gene auf das Verhalten ist keine Einbahnstrasse. Es gibt auch einen Pfeil, der von außen nach innen zeigt: Soziale Einflüsse wirken auf unsere Gene und verändern das Gehirn und damit das Verhalten. Erstmals haben Forscher das bei Singvögeln entdeckt. Wenn ein Zebrafink den Gesang eines anderen Männchens hört, dann führt

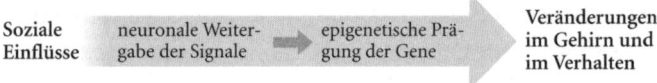

Abbildung 6: Soziale Einflüsse steuern Gene im Gehirn

das dazu, dass ein bestimmtes Gen (*egr-1*) in seinem Gehirn verstärkt abgelesen wird. Die Heftigkeit dieser Reaktion hängt davon ab, wie wichtig der Gesang des anderen Männchens für den Fink ist. Die noch nie gehörte Melodie eines fremden Männchens führt zu einer viel stärkeren Aktivität von *egr-1* als Gezwitscher, das dem Fink schon vertraut ist. Das *egr-1* ist selbst ein Schlüsselgen, das seinerseits andere Gene anschalten oder ausknipsen kann. Auf diese Weise kann, durch eine Art Schneeballeffekt, eine genetische Antwort entstehen, die viele tausend Gene betrifft und sich in verschiedenen Regionen des Gehirns abspielt. Das soziale Umfeld bewirkt also breite Veränderungen an vielen Stellen des Erbguts. Aus Sicht eines Zebrafinken bedeutet das: Die Antwort der Gene hilft dem Gehirn, sich schnell auf eine veränderte soziale Umwelt einzustellen, etwa auf das Eindringen eines singenden Nebenbuhlers in sein Revier.[14]

Ein anderes Beispiel ist der Schwarzkehlmaulbrüter (*Astatotilapia burtoni*). Das ist ein in Ostafrika beheimateter Barsch, der in Aquarien gehalten wird – und dort leicht für Ärger sorgen kann: Die Männchen, die bis zu zwölf Zentimeter groß werden, gehen nämlich sehr ruppig miteinander um. Ein Becken ist meist zu klein für zwei Barsche. Das stärkere Männchen dominiert absolut das Geschehen. Es ist prächtig gelb oder blau gefärbt und schwimmt dem schwachen Männchen drohend in den Weg. Letzteres ist blass und sexuell unreif.

Allerdings birgt der vermeintliche Schwächling das Potential zum Alpha-Fisch. Forscher haben zwei Männchen und einige Weibchen in einem Becken gehalten und dann den dominierenden Barsch aus dem Wasser genommen.[15] Damit schlug die Stunde des anderen: Innerhalb von Minuten bekam er eine prächtige Farbe und zeigte seinerseits dominantes Gehabe. Die Chance, auf der sozialen Leiter endlich nach oben zu kommen, hatte die Arbeitsweise der Gene verändert: In den Gehirnzellen entstand verstärkt *egr-1*, was wiederum eine ganze Kaskade von physiologischen Veränderungen auslöste: Aus dem untergebenen Fischlein wird ein herrschsüchtiger Barsch. Weil das Schlüsselgen *egr-1* sich auch in anderen Wirbeltieren finden lässt, dürfte es weit verbreitet und auch im Menschen aktiv sein.

Die Befunde zeigen alle in ein und dieselbe Richtung: Soziale Erfahrungen und Beziehungen zu den Mitmenschen verändern die Art und Weise, wie Gene im Gehirn arbeiten. Und damit ist das Verhalten keineswegs fixiert, sondern es wird durch diese sozialen und kulturellen Einflüsse verändert. Der biologische Einfluss schwindet mit den Lebensjahren, die Erfahrungen gewinnen ein größeres Gewicht und prägen die Persönlichkeit.

Kapitel 7
Gelassen gegen den Stress

Die junge Frau verschränkt die Beine zum Schneidersitz, dreht die Handflächen nach oben und schließt ihre braunen Augen. »Achtet auf die Stille im Körper«, sagt Britta Hölzel. »Wenn eure Gedanken abwandern, dann holt sie zurück zu diesem Augenblick.«

Vier Frauen und ein Mann sitzen auf bunten Yoga-Matten. Sie sind barfuß, haben die Augen geschlossen und atmen tief durch.[1]

Der Entspannungskurs findet an einer Universitätsklinik mit 900 Betten statt, in der viele Helfer selbst zu Hilfesuchenden werden: Krankenschwestern und Ärzte reiben sich im Schichtdienst auf; Wissenschaftler schreiben bis tief in die Nacht an Anträgen und Aufsätzen.

Da ist etwa Patrizia, eine Biologin, die erst seit einigen Wochen hier ist. Ihren Start hatte sie sich wahrlich anders vorgestellt. »Mein Arbeitsplatz war auf drei Labors verteilt. Ich hetzte von Termin zu Termin und fühlte mich vollkommen ausgeliefert«, sagt die 33-Jährige. In der Nacht konnte sie vor lauter Grübelei nicht schlafen, morgens sprang sie aufgedreht aus dem Bett.

Ganz gleich, wie gestresst die Teilnehmerinnen und Teilnehmer zu Beginn eines Kurses waren, nach ein paar Wochen seien sie merklich besser drauf, sagt Britta Hölzel, die eine

Ausbildung zur Yoga-Lehrerin absolviert hat. »Die Leute sind auf einmal viel fröhlicher und strahlender.«

Die hohe Erfolgsrate habe weniger mit ihrem besonderen pädagogischen Talent als Lehrerin zu tun, fügt sie bescheiden hinzu. Stress durch mentales Training abzubauen sei ein wissenschaftlich erklärbares Phänomen. Sie sagt: »Ein gestresster Mensch kann sein Gehirn durch Meditation regelrecht umtrainieren.«

Die junge Frau aus Deutschland weiß, wovon sie spricht. Ihre Kurse – eine Mischung aus Meditation und Yoga – gibt sie hier am Massachusetts General Hospital im Bostoner Stadtteil Charlestown nämlich nur in den Abendstunden. Britta Hölzel ist Doktorin der Psychologie, und die meiste Zeit des Tages treibt sie im zweiten Stock der Klinik ein einzigartiges Projekt voran: Mit einem hochmodernen Kernspintomographen untersucht sie, inwiefern sich die Struktur des menschlichen Gehirns positiv verändert, wenn Menschen einen Kurs gegen Stress besuchen.

Für die Studie haben Hölzel und ihre Kollegin Sara Lazar 26 Frauen und Männer gewonnen, auf die zweierlei zutrifft: Sie fühlten sich äußerst gestresst, und keiner von ihnen hatte je zuvor versucht, den Überdruck im Kopf durch Meditieren abzubauen.

Vor Beginn des Experiments haben Hölzel und Lazar zunächst das Gehirn der Probanden, zu denen auch die Biologin Patrizia zählt, mit dem Kernspin untersucht. Dann haben die Forscher den Testpersonen ein achtwöchiges Trainingsprogramm verschrieben, das auf uralte buddhistische Übungen zurückgeht und von westlichen Psychologen wie Jon Kabat-Zinn als »achtsamkeitsbasierte Stressreduktion« bezeichnet wird. Ziel ist es dabei, die eigene Aufmerksamkeit völlig auf das Hier und Jetzt zu lenken.

Einen Abend pro Woche versuchten Patrizia und die anderen Probanden, diese innere Distanz in einem 90-minütigen Kurs zu erlangen. An den übrigen Tagen haben sie das Meditieren zu Hause allein geübt, und zwar mindestens 45 Minuten lang.

Nach acht Wochen haben Hölzel und Lazar gefragt, wie ihnen der Kurs bekommen ist. Die Antwort: Sehr gut – den Teilnehmerinnen und Teilnehmern ging es deutlich besser.

Doch hatte der Antistress-Kurs das bewirkt? Gab es für die Verbesserungen eine neurologische Entsprechung im Gehirn?

Um das herauszufinden, haben Hölzel und Lazar die Denkorgane ein zweites Mal untersucht und mit dem Kernspin die Dichte der grauen Substanz bestimmt. Das Ergebnis: Die Dichte war in einigen Winkeln des Gehirns deutlich erhöht. »In den Gehirnen hat sich eine Menge getan«, sagt Britta Hölzel. Diese Zunahme der grauen Substanz deutet auf eine Erneuerung der betreffenden Areale: Neuronen wurden offenbar wieder größer und haben vermutlich neue Fortsätze ausgebildet. Im Hippocampus, der für das Lernen und für das Gedächtnis wichtig ist, sind womöglich sogar zusätzliche Nervenzellen herangereift. In einem Bereich des Gehirns sank die Dichte der grauen Substanz, und zwar ausgerechnet in der Amygdala, jenem Hirnareal, in dem Ängste entstehen und sich verfestigen.[2] Das Meditieren hatte offenbar einen angstlösenden Einfluss auf die Amygdala.

Neue Hoffnung im Kampf gegen das Leiden der Moderne

Alles in allem legt das spektakuläre Ergebnis nahe: Die kognitive Belastbarkeit ist dank regenerierter und neuer Nervenzellen wieder gestiegen – das Meditieren hat den Stress und die

Spuren, die er hinterlassen hat, gleichsam aus dem Kopf gefegt.

Das steht in Gegensatz zu den Behauptungen, die Anfälligkeit für Stress sei biologisch vorprogrammiert. Die Erkenntnis macht damit Hoffnung im Kampf gegen eine Befindlichkeit, die sich wie eine Seuche über die moderne Zeit gelegt hat. Rund 40 Prozent der Menschen in Deutschland fühlen sich Umfragen zufolge von der Arbeit überfordert und gestresst. Jeder Zehnte klagt gar über einen gestörten Schlaf, weil ihn Stress bis ins Bett verfolgt.

Die Weltgesundheitsorganisation (WHO) hat Stress als eine der bedrohlichsten Gesundheitsgefahren des 21. Jahrhunderts ausgemacht. Stress hinterlässt Spuren an Leib und Seele: Er macht traurig und vergesslich; er verändert – wie wir gesehen haben – die epigenetische Signatur in Zellen des Gehirns; er begünstigt Arterienverkalkung, Asthma, Fettsucht und Diabetes. Zwischen 50 und 60 Prozent aller Arbeitsausfälle gehen auf stressbedingte Erkrankungen zurück – in vielen Ländern der Europäischen Union sind diese Leiden inzwischen die Hauptursache für Fehlzeiten.

Von *desk rage* sprechen die Amerikaner, wenn Büroangestellte ihren Computer zerdeppern oder dem Kollegen an die Gurgel gehen. Die Japaner hingegen neigen dazu, den Frust in sich hineinzufressen – manchmal bis zum physiologischen Totalausfall: Hunderte Beschäftigte sacken jedes Jahr leblos am Schreibtisch zusammen. Das Phänomen ist inzwischen in Japan als beruflich bedingt anerkannt: *karoshi* – Tod durch Überarbeitung.

In Deutschland fordert der Stress ebenfalls seinen Tribut. Zur ständigen Plage ist zum Beispiel sein Auslöser »Lärm« geworden. Etwa 13 Millionen Deutsche sind durch einen Geräuschpegel belastet, der ihre Gesundheit gefährdet: Ihr

Risiko, einen Herzinfarkt zu erleiden, ist dadurch erheblich erhöht.

Besonders schlimm ist es, wenn der Krach den Schlaf stört
oder unmöglich macht. Körper und Seele werden durch den
Schlafentzug regelrecht gemartert. In der Umgebung des Flug
hafens Köln/Bonn etwa hat eine Studie ergeben: Menschen,
die zwischen drei und fünf Uhr nachts Fluglärm ausgesetzt
sind, greifen überdurchschnittlich häufig zu Blutdrucksen-
kern, Tranquilizern und Mitteln gegen Depressionen.

Wie sehr Überforderung schon Kindern und Jugendlichen
zu schaffen macht, lässt eine Umfrage im Auftrag der Deutschen Angestellten-Krankenkasse unter tausend Müttern und
Vätern erahnen. Demnach gaben 42 Prozent der Eltern an, sie
hätten Stresssymptome bei ihren Kindern entdeckt: Unkon-
zentriert seien diese, nervös oder überdreht.

Unter den Erwachsenen empfinden viele Menschen den
Beruf nicht etwa als Berufung, sondern als Krankmacher.
Mieses Betriebsklima, unfaire Behandlung, gebrochene Ab-
sprachen, Zeitdruck, Über-, aber auch Unterforderung und
vor allem ausbleibende Anerkennung zählen zu den entscheidenden Ursachen dafür, dass die Fälle seelisch bedingter Ar-
beitsunfähigkeit in den vergangenen Jahren deutlich zuge-
nommen haben. Psychologen konstatieren ein »Vor-Altern«,
das die Wirtschaftskraft eines Landes empfindlich schwächt.
Mehr als 100 000 Bundesbürger gehen jedes Jahr vorzeitig
in Rente, ein Drittel von ihnen, weil sie sich krank an der Seele
fühlen.

Um das berüchtigte Burn-out-Syndrom zu vermeiden,
schicken Firmen ihre Mitarbeiter zunehmend zu Antistress-
kursen. An der Berliner Charité etwa räkeln sich geschlauchte
Manager auf Matten und lauschen Meeresrauschen, das aus
den Lautsprechern einer Stereoanlage kommt. Seit einigen

Jahren biete man die Kurse nun schon an, sagt der Charité-Psychiater Mazda Adli: »Die Nachfrage ist riesig.«

Einer, der ebenfalls einen Ansturm an Kundschaft verzeichnet, ist der Nervenarzt Tarique Perera. Abends und an den Wochenenden betreut er krankhaft niedergeschlagene und verängstigte Menschen in seiner Praxis in Danbury im US-Bundesstaat Connecticut; an den Werktagen pendelt er eine Stunde lang zum New York State Psychiatric Institute im Norden Manhattans, wo er den Ursprung von Depressionen ergründet.

Seine Patienten, von denen viele heimlich zu Perera kommen, führen ein vereinsamtes Leben, haben Ärger auf der Arbeit, durchleben Beziehungskrisen und werden – nicht erst seit Ausbruch der Finanzkrise – im sündhaft teuren New York von Geldsorgen geplagt.

Einsamkeit verändert das Gehirn

Vor einiger Zeit ist Perera auf eine ungewöhnliche Idee gekommen: Müsste es nicht möglich sein, die Leiden der Großstadtneurotiker in einem Tierversuch nachzustellen? Der Forscher beschloss, ein Experiment mit Indischen Hutaffen zu versuchen.

Diese graubraunen Primaten sind von Natur aus auf soziale Kontakte eingestellt. Ähnlich wie Menschen leiden sie, wenn sie einsam sind. Um also den psychosozialen Stress urbaner Einzelkämpfer zu simulieren, trennte Perera die Affen über einen Zeitraum von mehr als drei Monaten wieder und wieder voneinander und ließ sie zwei Tage in der Woche jeweils allein im Käfig sitzen.

Während er davon erzählt, lässt Perera die Schultern hängen, den Kopf hält er schief, seine Augen wirken plötzlich gebrochen. »Genau so sahen die Affen nach einer Weile aus«, sagt der Psychiater. »Die haben nur noch teilnahmslos vor sich hin gestarrt.«

Allerdings wurden nicht alle Primaten verzweifelt. Einigen von ihnen hatte Perera zu Beginn des Experiments ein Mittelchen ins Futter gemischt – trotz der Isolation blieben diese Tiere fidel.

Wie bei den Meditationsübungen der Psychologin Hölzel, so waren auch hier keine Zauberkräfte, sondern schlicht biologische Prozesse am Werk: Die von Perera verabreichte Substanz ließ im Hippocampus neue Nervenzellen wachsen.[3]

Diese an der Innenseite des Schläfenlappens gelegene Struktur zieht wie kaum eine andere das Interesse der Hirnforscher auf sich. Vom Riechkolben einmal abgesehen, ist der Hippocampus der einzige Ort im Gehirn ausgewachsener Säugetiere, in dem neue Nervenzellen heranreifen können.

Die Entdeckung dieses Jungbrunnens im Kopf gilt als Sensation. Denn die meiste Zeit war in den Lehrbüchern der Neurologie zu lesen, das menschliche Gehirn sei mit der Kindheit ausgereift und könne im Erwachsenenalter nimmermehr neue Zellen hervorbringen.

Vom Dauerstress zur Depression

Nun aber weisen die Stressforscher ausgerechnet dem so lange verkannten Hippocampus eine zentrale Bedeutung zu: »Chronischer Stress verhindert, dass im Hippocampus neue Nervenzellen entstehen«, erklärt Perera. »Das führt dazu, dass ein Mensch gerade kleine Veränderungen in seiner Umgebung nicht mehr wahrnimmt. Er merkt es gar nicht, wenn sich die

Dinge allmählich zum Besseren wenden, sondern er bleibt dauerhaft in düsterer Verfassung – und genau diesen Zustand nennen wir Psychiater eine Depression.« Ähnliches hatte einst schon Sigmund Freud vermutet: Wenn der Mensch seine Trauer nicht überwinde, verfestige sich diese zur – krankhaften – Melancholie.

Auslöser dieser Verwandlung ist chronischer Stress. Wie ein Dauerfeuer verändert er die Physiologie der Nervenzellen – der grübelnde Geist wird zur kranken Seele. Dauerstress nimmt die Neugier, vermindert die Auffassungsgabe, verschlechtert das Gedächtnis und führt dazu, dass das Gehirn Sorgen nicht mehr normal verarbeitet. Das alles macht den Stress zum wichtigen Grund für Vergesslichkeit, Angststörungen und krankhafte Niedergeschlagenheit. 90 Prozent aller Depressionen werden durch Stress ausgelöst.

Doch das menschliche Gehirn ist den vielfältigen Stressauslösern nicht so schutzlos ausgeliefert, wie es lange vermutet wurde. Die Studien von Britta Hölzel und Tarique Perera haben es gezeigt. Im Denkorgan schlummert ein erstaunliches Potential zur Regeneration, die physiologischen Stresseinflüsse auf das Nervensystem sind umkehrbar.

»Das Gehirn kann sehr plastisch, also wandelbar reagieren«, sagt Eberhard Fuchs, der am Deutschen Primatenzentrum in Göttingen erforscht, wie psychosoziale Not auf Leib und Seele einwirkt. »Stress ist ein reversibler Prozess.« Und auch der Neurobiologe Bruce McEwen von der Rockefeller University in Manhattan zieht nach vier Jahrzehnten Stressforschung ein ermutigendes Fazit. In seinem mit Fachjournalen und Papierstapeln übersäten Büro versichert er dem Besucher: »Wir müssen nicht zu Opfern unseres gestressten Gehirns werden.«

Leiden an der modernen Welt

Der Stress, den heute fast jeder zu verspüren glaubt, ja selbst das Wort dafür, war der Medizin Anfang des vorigen Jahrhunderts noch völlig unbekannt. Seine Karriere begann mit dem Wirken des amerikanischen Physiologen Walter Cannon (1871 bis 1945), der studierte, wie die Darmmuskulatur die Nahrung in Richtung After schiebt. Dazu fütterte er Katzen und durchleuchtete ihre Eingeweide mit Röntgenstrahlen.

Schon bald fiel ihm auf, wie viele seiner Versuchstiere sich als untauglich erwiesen – und zwar stets jene, die sich fauchend gegen die Experimente sträubten: Die peristaltischen Kräfte ihres Darms erlahmten, kurzum: Sie hatten Verstopfung.

Der Wissenschaftler wunderte sich: Verminderten die Angstgefühle etwa die Verdauung? Aber wie nur?

Um das herauszufinden, ersann Cannon folgendes Experiment: Er hielt je eine Katze eine Weile in einem Käfig – und ließ dann einen Hund hinein, der an ihr schnüffelte und bellte. Den dadurch verängstigten Katzen nahm der Forscher Blut ab und verglich es mit Proben von Kontrolltieren, die er nicht in Angst und Schrecken versetzt hatte. Ergebnis: Das Blut der bedrohten Katzen enthielt hohe Mengen eines Hormons, dessen Name heute in aller Munde ist: Adrenalin. Damals war bekannt, dass Adrenalin Blutdruck und Blutzucker steigen lässt und die Verdauung hemmt. Die Verbindung mit Angst und Emotionen war dagegen neu.

Walter Cannon dachte viel über seine Befunde nach und entwarf eine neue Theorie. Die vielfältigen Reaktionen waren Teil eines evolutionären Überlebensprogramms, damit der Körper sich im Ernstfall auf »Kampf oder Flucht« einstellen könne. Sobald die Gefahr vorbei sei, würden sich die Körpervorgänge wieder beruhigen. »Homöostase« taufte Cannon diese Art der Regulation. Auch Menschen verfügen über eine solche Kampf-oder-Flucht-Reaktion, davon war Walter Cannon überzeugt.

Diese Gedanken beschäftigten den Amerikaner besonders zu Zeiten der 1929 einsetzenden großen Weltwirtschaftskrise. Die besorgten und gestressten Zeitgenossen kamen ihm vor wie eingesperrte Katzen, die ständig angekläfft werden. »Es ist deshalb nicht überraschend«, erklärte Cannon anno 1936 vor einer Gruppe von Ärzten, »dass Ängste, Sorgen und Hass zu schädlichen und hochgradig beunruhigenden Folgen führen können.«

Mobilmachung des Körpers

Den Begriff »Stress« indes nahm der Gelehrte noch nicht in den Mund. Das blieb dem Biochemiker Hans Selye (1907 bis 1982) vorbehalten. An der McGill University in Montreal erschwerte er Ratten systematisch das Leben: Einige setzte er in bitterkalten Winternächten aufs Institutsdach, andere mussten in der Hitze des Heizungskellers hecheln, wieder andere wirbelte er in einer Trommel herum, bis sich ihnen alles drehte.

Egal, was Doktor Selye den Tieren auch antat – auf jede Art von Qual antworteten sie auf ein und dieselbe Weise: mit schrumpfenden Lymphknoten und mit Magengeschwüren. Selye übertrug seine Erkenntnis auf den Menschen: Offenbar gebe es auch in dessen Leib ein System, das Belastungen wie Kälte, Hitze, Drogen, Schlafentzug, Schmerzen und Trauer in bestimmte Symptome umwandelt. Um dieses System zu bezeichnen, wählte er das englische Wort für Belastung oder Druck: *stress.*

Praktisch über Nacht hatten die Menschen eine Projektionsfläche für viele Erkrankungen, Sorgen und Probleme. Stress ist demnach ein uraltes Körperkommando, das vor allem eines bedeuten soll: Jetzt geht es um Leib und Leben – flieh oder kämpfe!

Wie elektrisch aufgeladen reagieren dann die Körpersysteme: Blitzschnell schüttet das Gehirn Alarmstoffe aus und setzt im Körper in einer Kaskade Hormone wie Adrenalin und Kortisol frei. Es folgt die Generalmobilmachung des Körpers: Die Leber stellt Zucker zur Verfügung, wodurch die Muskeln und das Gehirn vermehrt mit Energie versorgt werden. Das Herz schlägt schneller, der Blutdruck steigt, die Atemfrequenz schnellt empor, damit der Körper mehr Sauerstoff umsetzen kann.

Gleichzeitig aktiviert ein Mensch unter Stress unterschiedliche Schutzmechanismen: Das Blut gerinnt leichter, damit es, im Falle einer Verletzung, nicht so schnell aus dem Körper läuft. Der Schweiß bricht aus, damit sich der Organismus im Kampf oder auf der Flucht nicht überhitzt. Hormone fluten ins Blut, die den Menschen weniger empfindlich für Schmerzen machen und seine Sinne hellwach. Funktionen, die in der lebensbedrohlichen Situation nicht weiterhelfen, werden derweil unterdrückt: Sexualtrieb, Verdauung und Immunsystem. Bei höchster Gefahr wäre all das nur Verschwendung kostbarer Energieressourcen.

Dieses ausgetüftelte System ist ein Relikt aus der Steinzeit, der Adrenalin-Kick, der einst auf der Mammutjagd die Sinne schärfte, kann heute die Schlagfertigkeit erhöhen, wenn man mit dem Chef spricht. Und eine Alarmreaktion, die ursprünglich Säbelzahntigern galt, kann nun vor rasenden Autos schützen.

Das Problem ist nur: Selbst wenn es gar nicht um Leben und

Tod geht, wird Stresswelle um Stresswelle ausgelöst, und der Körper befindet sich in ständiger Alarmbereitschaft, sei es durch Ärger in der Familie, abstürzende Aktienkurse, drohende Arbeitslosigkeit, intrigante Kollegen – oder auch nur durch die bloße Vorstellung, die anderen würden tuscheln.

Krank, weil fremdbestimmt

Wenn die Phasen der Erholung immer seltener werden, hat der Körper keine Chance mehr, sich wieder auf Normalwerte einzupendeln. Ein Beispiel: Ständige Erreichbarkeit schadet dem seelischen Befinden, wie eine Befragung von knapp 700 Angestelltenpaaren in den USA offenbart hat. Jene, die ihr Mobiltelefon auch zu Hause angeschaltet hatten, wurden nervöser, überforderter und trauriger – die Arbeit verfolgte sie noch viel stärker als bisher.

Die anschwellende Informationsflut sowie private und berufliche Belastungen können jedoch nicht erklären, warum Stress zum Fluch der Moderne geworden ist. Denn manch einer blüht ja regelrecht auf, wenn es im Job so richtig zur Sache geht. Warum nur, so fragt sich, können wiederum andere bei hoher Anforderung plötzlich selbst geringe Aufgaben nicht mehr stemmen?

Es liegt nicht an den Genen, sondern an der Art der äußeren Belastung. Es gibt nämlich einen Unterschied zwischen positivem und negativem Stress, zwischen Ansporn und Überforderung. Entscheidend scheint zu sein, wie viel oder wie wenig Kontrolle ein Mensch über sein Leben behält. Wer hohe Anforderungen bewältigen soll, aber kaum Einfluss nehmen kann, der ist am stärksten bedroht.

Das erklärt beispielsweise, warum ausgerechnet Menschen,

die anderen von Berufs wegen helfen wollen, nicht etwa Erfüllung, sondern nach einigen Berufsjahren oftmals nur noch Ängste und Verärgerung spüren: Viele Krankenhausärzte arbeiten ständig unter Zeitdruck, werden vom autoritären Chef gegängelt und haben kaum Aufstiegschancen – zur gleichen Zeit geben sie alles, weil es um die Gesundheit ihrer Patienten geht. Lehrer und Erzieherinnen, Altenpfleger und Sozialarbeiter stehen in den Statistiken der »arbeitsbedingten psychischen Erschöpfung« ebenfalls ganz oben. Sie arbeiten mit Menschen zusammen, auf deren Kooperation sie angewiesen sind – die ihnen aber häufig verwehrt bleibt.

Das Ausmaß der Fremdbestimmung hängt direkt zusammen mit Symptomen und Erkrankungen. Britische Epidemiologen haben das an mehr als 10 000 Staatsangestellten klar nachgewiesen: Je weniger ein Mitarbeiter auf seiner Dienststelle zu melden hatte, je stärker er den Anweisungen anderer ausgeliefert war, desto höher war sein Risiko, einen Herzinfarkt zu erleiden.

Und deutschen Forschern offenbarte sich ein erstaunlich starkes soziales Gefälle: In einer Herz-Kreislauf-Präventionsstudie mit 10 000 Teilnehmern zeigte sich, dass im unteren Fünftel der Bevölkerung Herz- und Kreislauferkrankungen doppelt so häufig vorkommen wie im oberen Fünftel. Wenn man Risikofaktoren wie Rauchen und körperliches Nichtstun aus den Daten herausrechnet, bleibt dieser »soziale Gradient« bestehen – der übrigens auch bei Asthma, Diabetes, Fettsucht, Depressionen und Rückenschmerzen zu beobachten ist. Mit einem Wort: Je geringer der Status eines Menschen ist, desto elender scheint es ihm zu ergehen.

Verschlimmert wird der Stress noch, wenn das Prinzip der Gegenseitigkeit nicht beachtet wird. Für die erbrachte Leistung verlangen Menschen eine angemessene Belohnung in

Form von Gehalt, beruflichen Perspektiven und allgemeiner Wertschätzung. Wird diese unausgesprochene Tauschbeziehung durch den Chef nicht eingehalten, komme es zu »ausgeprägten Stressreaktionen«, erklärt der Düsseldorfer Medizinsoziologe Johannes Siegrist: »Wer ohne Chance auf beruflichen Aufstieg jahrelang Schwerstarbeit leistet oder dabei sogar um seine Stelle fürchten muss, scheint besonders gefährdet zu sein.«

In diesen Lebenslagen können Familie und Freunde den Dauerstress mindern – doch gerade daran scheint es in der heutigen Gesellschaft zu mangeln. »Die sozialen Kontakte werden geringer«, beklagt der Göttinger Stressforscher Fuchs. »Viele Leute sitzen allein da und haben gar keine Möglichkeit, mit anderen Leuten zu reden.«

Wenn Ohnmacht, Isolation und fehlendes Lob lange andauern und wenn der betroffene Mensch keine Abwehrstrategien ergreift, dann kann Stress sich extrem auswirken. Die biochemischen Regelkreise sind permanent alarmiert, die epigenetische Signatur der Körperzellen verändert – was zu einer Fülle von typischen Zivilisationskrankheiten führen kann.

Sozialer Schadstoff macht allergisch

Ausgeprägt ist die Verschlechterung des Immunsystems – zu betrachten ist dies, wenn bei Stress der Herpes auf der Lippe blüht. In einer Studie ließen sich 400 Probanden mit Erkältungsviren infizieren. Diejenigen, die sich selbst als gestresst bezeichneten, wurden deutlich häufiger krank. Die entspannten Probanden indes waren viel besser in der Lage, die Viren abzuwehren.

So könnten auch Asthma, an dem etwa fünf Prozent der Erwachsenen leiden, und Allergien einem durch Stress in die Wiege gelegt werden. Die Ärztin Rosalind Wright von der Harvard Medical School hegt diesen Verdacht. Sie hat mehr als 500 arme Familien in Boston und drei weiteren US-Städten untersucht und notiert, was die Frauen alles auszuhalten hatten: Geldsorgen, Beziehungskrisen, Kriminalität in der Nachbarschaft oder Gewalt in der Familie. Wann immer eine Frau ein Baby gebar, bekam die Forscherin eine Probe mit Nabelschnurblut, das auch Zellen der Körperabwehr enthält. Diese Zellen hat Rosalind Wright im Labor Hausstaubmilben, Viren und Bakterien ausgesetzt, um zu sehen, inwiefern sie normal funktionieren. Je stärker die Mutter gestresst war, desto auffälliger waren die Immunzellen der Kinder und machten diese anfällig für Asthma und Allergien.[4] In früheren Studien hat Wright ähnliche Effekte gesehen, und sie hält Stress für einen sozialen Schadstoff. »Atmet man ihn ein, kann er das Immunsystem beeinträchtigen.«

Herzkrank und dick

Inzwischen können Mediziner auch besser erklären, warum seelische Überlastung das Herz erschöpft. Zum einen treibt das Adrenalin den Puls hoch und nötigt dem Herzen auf diese Weise kräftezehrende Sonderschichten ab. Das Hormon Noradrenalin wiederum erhöht die Herstellung eines bestimmten Proteins, das entzündliche Vorgänge in den Herzkranzgefäßen auslöst. Dadurch wird der Arteriosklerose der Weg geebnet: Cholesterin und Blutfette ballen sich zu einer weißlichen Schlacke, welche die Gefäße inwendig verengt.

Aber nicht nur dauerhafte Belastung, auch plötzlicher emotionaler Stress macht der Pumpe zu schaffen. Mediziner der

Universitätsklinik München haben das anlässlich der Fußball-weltmeisterschaft 2006 festgestellt. Während der Spiele der deutschen Mannschaft ist die Zahl der Herzattacken, die von Notärzten behandelt werden mussten, sprunghaft um den Faktor 2,7 gestiegen.

Groß erscheint zudem der Einfluss, den Stress auf das Körpergewicht eines Menschen ausübt. Wenn es im Büro Ärger oder Konflikte mit dem Partner gibt, greifen viele zu Gummibärchen und Schokolade und räumen abends den Kühlschrank leer.

Ins Werk gesetzt wird diese Fresslust durchs Gehirn. Obwohl es nur ungefähr zwei Prozent des Gesamtgewichts eines Menschen ausmacht, beansprucht es bei Stress bis zu 90 Prozent des täglichen Bedarfs an Glukose. Die Folge: Wie ein Nimmersatt verlangt das Hirn nach immer mehr Nahrung, obwohl der Körper schon längst genug hat. Der Dauerbefehl, mehr und mehr zu essen, führt mit der Zeit zu Fettleibigkeit und einem erhöhten Glukosespiegel, der seinerseits das Stoffwechselleiden Typ-2-Diabetes mellitus auslösen kann.

Der Neurologe Alain Dagher von der McGill University in Montreal hält die Fettleibigkeit selbst für einen gewaltigen Stressauslöser: Jeder Verzicht auf Essen, jeder Versuch, eine Diät durchzuhalten, setzt das Gehirn weiter unter Stress, wodurch der Heißhunger erst recht entfacht wird.

»Bisher galten Bewegungsmangel und Fastfood als Auslöser der Fettsucht«, konstatiert Alain Dagher. »Jetzt sollten wir einen weiteren Faktor hinzufügen: den Stress unserer modernen Welt.«

Denkorgan unter Droge

Chronischer Stress scheint wie eine Droge auf das Denkorgan einzuwirken. Und wie sich herausstellt, richtet er Schäden im Gehirn an, die man so bisher nicht für möglich hielt. Denn Stress manipuliert nicht nur dessen Arbeitsweise, sondern verändert sogar die Nervenzellen und die Struktur des Nervensystems.

Rhesusaffen, die in den ersten sechs Lebensmonaten von der Mutter getrennt waren, haben im Vergleich zu Kontrolltieren ein auffälliges Gehirn: Ein Areal namens Kleinhirnwurm (Vermis cerebelli) und zwei weitere Gebiete sind verändert – just diese Areale sind für das Verarbeiten von Ängsten und bedrückenden Erlebnissen wichtig. Der Befund passt zu Beobachtungen an Kindern und Jugendlichen, die aus verwahrlosten Verhältnissen kommen. Auch sie haben eigentümliche Muster im Gehirn – und scheinen offenbar aus diesem Grund im späteren Leben anfällig für Depressionen und andere psychische Erkrankungen zu sein.

Am größten scheint jedoch der Einfluss auf den Hippocampus zu sein – jene Region also, die für das Lernen und Erinnern so wichtig ist. Bereits drei Wochen Stress, das haben Versuche an Ratten gezeigt, reichen aus, um das Volumen des Hippocampus um drei Prozent zu verringern. Diese Erkenntnis passt zu früheren Beobachtungen: Viele Menschen, die etwa im Krieg gefoltert wurden und dadurch seelisch erkrankten, haben vergleichsweise kleine Hippocampi.

Der neue Weg aus dem Stress

Doch mischen sich in die Schreckensmeldungen der Neurowissenschaftler auch zuversichtliche Töne. Dauerhafter Stress setzt den Nervenzellen zwar mächtig zu – diese jedoch lassen sich nicht unterkriegen. Sie erweisen sich vielmehr als erstaunlich wandlungsfähig und können sich durchaus wieder erholen.

Als Erste haben das der Göttinger Eberhard Fuchs und seine Kollegen erkannt, als sie das seelische Befinden von Spitzhörnchen der Art Tupaia belangeri zu ergründen versuchten. Die Geschöpfe erinnern entfernt an Eichhörnchen, gehören aber zu den nächsten Verwandten der Primaten.

Ihre Lebensweise macht sie zu idealen Kandidaten der Stressforschung: Sie sind tagaktiv und ähneln Menschen überdies in puncto Stoffwechsel und Sozialgebaren. Sie flirten liebend gern miteinander, können sich aber auch mächtig in die Wolle kriegen.

Die Männchen verteidigen beharrlich ihr Revier und machen die Hackordnung in Kämpfen aus. Wird dem Unterlegenen die Möglichkeit zum Rückzug verwehrt, hat dieser daran schwer zu tragen: Er kann nachts nicht schlafen und hängt tagsüber gleichsam in den Seilen.

Auch dieser seelische Stress geht mit morphologischen Veränderungen im Hippocampus des Verlierers einher, hat die Gruppe um Fuchs erkannt. Nervenzellen, die normalerweise ganze Büschel von Fortsätzen tragen, verkümmern und ziehen diese Nervenantennen ein. Zum anderen ist die Herstellung neuer Nervenzellen deutlich gedrosselt. »Dadurch wird die Wandelbarkeit des Gehirns eingeschränkt«, sagt Fuchs. Allerdings hat er auch Erfreuliches zu berichten: »Diese Vorgänge lassen sich umkehren.«

Das haben die Göttinger in einem wegweisenden Experiment gezeigt: Sie gaben den Spitzhörnchen-Männchen nach fünf Wochen Dauerstress ein Antidepressivum. Unter Einfluss des pharmakologischen Wirkstoffs bekamen ihre Gehirne wieder die ursprüngliche Größe, die Neuronen erholten sich, und im Hippocampus entstanden wieder neue Nervenzellen. Nach zwei- bis dreiwöchiger Medikamentenkur schienen die Belastungen und Demütigungen aus dem Kopf getilgt. Die Spitzhörnchen putzten sich wieder und markierten ihr Revier.

Diese Erkenntnis hat der Behandlung gestresster Menschen eine völlig neue Perspektive gegeben. Lange haben Ärzte gerätselt, wie chronischer Stress mit der Entstehung von Depressionen und der Verschlechterung des Gedächtnisses zusammenhängt – es scheint das gestörte Wachstum neuer Nervenzellen, die Neurogenese, im Hippocampus zu sein. Um diese Vermutung zu überprüfen, haben Mediziner in Tierversuchen noch einmal nachgeschaut, wie die gängigen Mittel gegen Depressionen eigentlich wirken. Praktisch alle haben ein und dieselbe Wirkung – sie lassen frische Neuronen im Hippocampus sprießen.

Mit Versuchen an seinen isolierten Indischen Hutaffen hat der Psychiater Perera am New York State Psychiatric Institute die Vermutung weiter erhärtet. Das Gehirn einiger Tiere bestrahlte er gezielt mit Röntgenstrahlen, bevor er ihnen das Antistressmedikament gab. Die Bestrahlung verhinderte generell die Entstehung neuer Neuronen – und tatsächlich blieb das Medikament diesmal wirkungslos und konnte die Stresssymptome nicht bekämpfen.

Mittlerweile haben sich Forscher darangemacht, Substanzen zu entwickeln, um die segensreiche Neurogenese wirksamer als bisher anzukurbeln. Gleich mehrere Pharmafirmen, darunter das französische Unternehmen Servier, erprobten bereits Substanzen an Spitzhörnchen. Am Ende könnten Arzneimittel stehen, die gleichermaßen gegen Depressionen, Schlafprobleme und Gedächtnisstörungen gegeben werden. Der Göttinger Neurobiologe Eberhard Fuchs wird da allerdings unruhig. Bei schweren Erkrankungen durch seelische Belastung könne er sich pharmakologische Hilfe zwar vorstellen. »Aber eine Pille gegen den täglichen Stress?«, fragt er und schüttelt den Kopf. »Nein, das finde ich heikel.«

Psychiater Perera reagiert ebenso skeptisch. Ein Medikament allein könne die Lösung doch wohl nicht sein. »Ich will den Leuten helfen, ihre Gewohnheiten zu verändern«, erklärt er. »Alkohol, Schlafentzug und Zigaretten schaden dem Hirn.« Stattdessen sollten seine Patienten sich selbst in Bewegung setzen, fährt er fort: »Körperliche Aktivität ist eine großartige Medizin gegen Stress.«

Jungbrunnen im Kopf

Dieser Rat, den immer mehr Ärzte aussprechen, geht zurück auf ein Experiment, das mehr durch einen Zufall zustande kam. In La Jolla, Kalifornien, war eine kleine Biotech-Firma pleitegegangen. Zur Konkursmasse gehörten 19 Monate alte Versuchsmäuse (sie entsprechen 60 Jahre alten Menschen), die ihr ganzes Leben lang in Käfigen gehalten worden waren. Die Neurowissenschaftlerin Henriette van Praag vom benachbarten Salk Institute hörte davon und nahm die abgestumpften Tiere dankend an – sie erschienen ihr ideal, um zu verstehen, wie Bewegung auf die gestressten Gehirne älterer Individuen einwirkt.

Sogleich verschrieb sie einer Hälfte der Mäuse ein Fitnessprogramm: Sie absolvierten jeden Tag fünf bis sechs Kilometer auf dem Laufrad. Die restlichen Tiere mussten zunächst weiterhin in engen Käfigen vegetieren. Nach 35 Tagen traten alle zu einem Wettstreit an, bei dem sie lernen mussten, sich in einer fremden Umgebung zurechtzufinden.

Das Ergebnis offenbart einen klaren Vorsprung durch Bewegung: Die Rennmäuse meisterten den Lerntest doppelt so schnell wie ihre trägen Artgenossen. Die anschließende Untersuchung zeigte, woher dieser Unterschied kam: Die Ertüchtigung hatte bestimmte Gene in Nervenzellen eingeschaltet; im Hippocampus der trainierten Mäuse waren deutlich mehr funktionstüchtige neue Neuronen herangereift als in jenem der Nichtrenner.

Vermittelt wird der Effekt offenbar, indem sich die Epigenetik der Nervenzellen im Hippocampus verändert. Stress und Altern vermindern die Neurogenese; körperliche Bewegung und eine stimulierende Umwelt erhöhen sie. Diese unterschiedlichen Einflüsse können die Zellen des Hippocampus offenbar über epigenetische Mechanismen »erfühlen«.[5] Ein Beispiel dafür, wie äußere Signale auf die Herstellung neuer Nervenzellen wirken, ist das Protein namens BDNF, das im Gehirn wie Nervendünger wirkt und vermutlich deshalb vor Morbus Alzheimer schützt. Bei Stress sinkt der BDNF-Spiegel rapide ab – aber im Zuge körperlicher Aktivität geht er in kurzer Zeit steil nach oben, regt die Neurogenese an und hilft mit, das Gemüt aufzuhellen. Das zeigen auch klinische Studien: Gegen viele Depressionen hilft flottes Spaziergehen (je 30 Minuten an den meisten Tagen der Woche) genauso gut, wenn nicht sogar besser als herkömmliche Antidepressiva.

Gymnastik für den Geist

Doch erfreulicherweise steht die körperliche Bewegung im Kampf gegen den Stress nicht allein da. Auch Gehirngymnastik scheint die Architektur angegriffener Nerven nachhaltig zu verbessern. Yoga-Anhänger und Meditierende, Spiritualisten und Psychotherapeuten spüren das seit langem. Etliche Ärzte und Naturwissenschaftler dagegen haben diese Möglichkeit lange kategorisch ausgeschlossen. Wenn das Gehirn lernt, so die klassische Lehrbuchweisheit, ändere es zwar seine Arbeitsweise – niemals aber die Struktur seiner Zellen und Gewebe.

Die Lehrmeinung darf endgültig als überholt gelten. Der mit dem Medizinnobelpreis dekorierte Psychiater Eric Kandel von der Columbia University in New York hat dazu ein aufschlussreiches Experiment vorgestellt:[6] Er und seine Kollegin Daniela Pollak machten mit Mäusen eine Art Verhaltenstherapie. Zunächst brachten sie den Tieren bei, einen bestimmten Ton mit »Sicherheit« in Verbindung zu bringen. Diese konditionierten Mäuse wurden dann gezielt unter Stress gesetzt. Die Forscher steckten die Tiere in eine Wanne voll Wasser – verzweifelt paddelten die von Natur aus wasserscheuen Mäuse herum, um sich über der Oberfläche zu halten. Als die Forscher ihnen jedoch das vertraute Signal »Sicherheit« vorspielten, legte sich ihre Panik.

Anschließend untersuchten Kandel und Pollak, ob dieser konditionierte Therapieeffekt das Gehirn der Nager verändert hatte. Im Hippocampus wurden sie fündig. Der Nervendünger BDNF fand sich dort in erhöhten Mengen, überdies waren bereits erstaunlich viele neue Nervenzellen entstanden. Das menschliche Denkorgan dürfte ähnlich auf Außenreize reagieren, vermutet der in Wien geborene Eric Kandel: »Mich hat schon immer interessiert, wie die Psychoanalyse funktioniert«, sagt er. »Weil es eine Lernerfahrung ist, muss es dafür eine biologische Grundlage im Gehirn geben.«

Selig wie ein Mönch

Andere Neurowissenschaftler studieren buddhistische Mönche, um besser zu verstehen, wie Meditieren Strukturen im Gehirn beeinflusst. Von den Klöstern im Himalaja sind vor einiger Zeit etwa ein Dutzend Mönche in die beschauliche Universitätsstadt Madison im US-Bundesstaat Wisconsin gereist. Dort meldeten sie sich bei dem Psychologen Richard Davidson vom Waisman Laboratory for Brain Imaging and Behavior. Einer der Mönche hatte in der tibetischen Abgeschiedenheit mehrere tausend Stunden meditiert – was hatte das mit seinem Gehirn angestellt?

Um das herauszufinden, klebten die Forscher dem Mönch 128 Elektroden auf den rasierten Schädel und baten ihn, im Labor zu meditieren: Während der Mann ganz ruhig dasaß, brachte das Elektroenzephalogramm ein so heftiges Muster von Hirnaktionsströmen hervor, wie es der Psychologe Davidson noch nie gesehen hatte: Durch des Mönchs Kopf waberten Gammawellen, die 30-mal so stark waren wie jene gewöhnlicher Menschen; diese Hirnwellen werden mit kognitiven Höchstleistungen in Verbindung gebracht.

Als die Daten veröffentlicht wurden, lag die nächste Frage auf der Hand.[7] Können Einwohner der Industriestaaten ihre Gehirne auf vergleichbare Weise wie die Mönche verändern? Sara Lazar vom Massachusetts General Hospital hat dazu eine Studie mit 35 Probanden aus dem Großraum Boston durchgeführt, unter ihnen Anwälte, Journalisten und Ärzte. Zwanzig von ihnen waren schon seit längerem überzeugte Meditierende und verbrachten jeden Tag 50 Minuten lang mit entsprechenden Übungen. Die restlichen 15 Testpersonen dagegen hatten noch nie meditiert. Nachdem die Gehirne aller Probanden im Kernspin durchleuchtet waren, ergab sich ein deutlicher Unterschied: Die westlichen Meditierer verfügten über eine auffällig dickere Hirnrinde (Kortex) als die Nichtmeditierer.

Auf diese Weise hat Sara Lazar einen faszinierenden Ausweg aus der Stressfalle aufgezeigt. Wenn man die steigenden Anforderungen und die fehlende Anerkennung im Beruf nicht selber beeinflussen kann, so kann man doch versuchen, die Stressfaktoren durch Meditieren zu bändigen und zu zähmen.

In Deutschland war es Britta Hölzel, die den Befund mit Begeisterung aufnahm. Sie studierte damals Psychologie in Frankfurt und absolvierte gleichzeitig eine Ausbildung zur Yoga-Lehrerin. »Es war, als ob ich in zwei Welten lebte«, erinnert sie sich, »hier die Wissenschaft, da die Meditation.«

In ihrer Doktorarbeit, so entschied sie, wolle sie versuchen, die zwei Kulturen miteinander zu versöhnen. Sie ging an das Bender Institute of Neuroimaging der Universität Gießen, einen der wenigen Orte in Deutschland, wo die Forscher für das unkonventionelle Ansinnen der jungen Psychologin offen waren.

Für eine Studie gewann Hölzel zwanzig Anhänger der buddhistischen Achtsamkeitsmeditation (aus einem Vipassana-Zentrum in Deutschland) und untersuchte deren Gehirne mit dem Kernspintomographen. Zur Kontrolle durchleuchtete sie die Denkorgane von Menschen, die nicht meditierten. Nicht nur, dass sie Lazars Befunde zur Hirnrinde bestätigte. Erstmals untersuchte Britta Hölzel auch den Hippocampus – in dieser Region war eine überdurchschnittlich hohe Dichte an grauer Substanz zu verzeichnen.[8]

Nach dieser Studie ist Britta Hölzel von Gießen in das Labor von Sara Lazar am Massachusetts General Hospital gegangen, eine der renommiertesten Forschungsstätten der Welt. Seitdem gibt sie dort, neben ihrer Forschungsarbeit, ihre Yoga-Kurse. Wenn ihr die Doppelbelastung zu viel wird, weiß sie, was zu tun ist: die Beine zum Schneidersitz verschränken, die Handflächen nach oben drehen, die Augen schließen und den Stress aus dem Gehirn lassen.

Kapitel 8
Glauben macht gesund

Die Patientin werde bald genesen, da ist Doktor Zubieta voller Zuversicht. »Wir verabreichen Ihnen jetzt eine Injektion gegen Ihre Schmerzen«, sagt er mit sanfter Stimme und streicht der aschblonden Frau über die Schläfe.

Ehe die Infusion läuft, bleibt der Neurologe Jon-Kar Zubieta noch etwas an der Bettkante. Er trägt einen blütenweißen Arztkittel, nickt verständnisvoll, strahlt die Patientin mit seinen blauen Augen an.

Die 33 Jahre alte Frau darf sich in guten Händen wissen: Eine Krankenschwester achtet auf den richtigen Sitz der Kanülen und Pflaster an Kopf und Händen. Im Nebenraum überwachen Techniker auf Bildschirmen ihren Herzschlag und andere Körperfunktionen.

Dann ertönt eine Computerstimme und zählt rückwärts: »Zehn, neun, acht ...« Als der Countdown beendet ist und die klare Lösung durch einen Schlauch in die rechte Armvene fließt, ist es auf einmal still im Raum. Die Frau hat die Augen geschlossen – werden ihre Schmerzen endlich verschwinden?

Ginge es nach den Regeln der reinen Pharmakologie, bestünde wenig Hoffnung. Um die Patientin herum ist nämlich ein Riesenschwindel im Gange: Nicht etwa ein Schmerzmittel strömt in ihren Körper, sondern eine gewöhnliche Kochsalzlösung.

Die Frau spielt die Hauptrolle in einem Experiment, dessen Hintergrund ihr niemand verraten hat. Es geht um eines der größten Rätsel der Hirnforschung: Warum lindert es die Schmerzen, wenn ein Patient nur glaubt, es werde ihm geholfen? Wieso genesen Kranke, wenn sie nur zum Schein behandelt werden? Wie kann es sein, dass Zuversicht die Steuerung von Genen in den Hirnzellen verändert?

Diesen menschlichen Fähigkeiten sind nur wenige Ärzte so dicht auf der Spur wie Jon-Kar Zubieta von der angesehenen University of Michigan in Ann Arbor. Die aschblonde Frau in seinem mit Hightech-Apparaten ausgestatteten Untersuchungszimmer ist eine Probandin, und sie nimmt teil an einer Studie, die bereits seit drei Jahren läuft. Als sie für einige hundert Dollar in das Experiment einwilligte, sagte man ihr nicht die ganze Wahrheit: Es gehe um die Erprobung eines neuartigen Schmerzmittels, von dem aber noch nicht ganz sicher sei, ob und wie gut es wirke.

Dazu wurden der Frau, die ansonsten gesund ist, an diesem Morgen zunächst leichte Schmerzen zugefügt: In ihr Gesicht, links und rechts in die Kiefermuskeln, bekam sie Nadeln gestochen. Die von ihnen verursachten Schmerzen sind es, die Doktor Zubieta – zum Schein – behandelt.

Alle vier Minuten lässt er einen Milliliter der physiologischen Kochsalzlösung in den Blutkreislauf der Frau fließen. Während sich die Lösung im Körper der Frau ausbreitet, verfolgen er und seine Kollegen, was sich im Gehirn der Probandin abspielt: Körpereigene Schmerzmittel (Endorphine) binden an Rezeptoren im Gehirn an, das können die Forscher an den Signalen des Positronenemissionstomographen ablesen.[1] Die Aufnahmen aus dem Innern des Gehirns beweisen es: Reine Suggestion führt zu einer biochemischen Antwort in und an den Nervenzellen. Und diese Antwort ist es, die den

Schmerz messbar verringert. Mit gedämpfter, beinahe andächtiger Stimme sagt Zubieta: »Die Erwartungshaltung bewirkt reale Veränderungen im Körper.«

Ein anderer Forscher, der die Macht der Suggestion im Gehirn dingfest machen konnte, ist Fabrizio Benedetti von der Universität Turin. Er und seine Kollegen haben Menschen untersucht, die an Schüttellähmung (Parkinson) erkrankt sind.[2] Bei diesem Leiden ist die Aktivität der Nervenzellen in einem bestimmten Hirnareal krankhaft erhöht, den Betroffenen zittern die Hände. Benedetti verabreichte einigen seiner Patienten eine Kochsalzlösung – sagte ihnen aber, es handle sich um eine wirkmächtige Arznei. Es war eine therapeutische Lüge: Das Heilsversprechen beeindruckte die Patienten. Ihre überaktive Gehirnregion wurde ruhiger; die Neuronen feuerten deutlich weniger (so Messungen an einzelnen Nervenzellen), und das Zittern der Patienten schwächte sich ab.

Selbstheilung durch Zuversicht

Ganz gleich, ob kranke Menschen Arzneimittel nehmen, sich operieren lassen oder einfach mit einer Therapeutin oder einem Therapeuten reden – jede medizinische Hilfe und jede psychologische Zuwendung ist angetan, die Selbstheilungskräfte des Körpers freizusetzen. Die Vorstellungskraft des Menschen kann dem Forscher Benedetti zufolge im Körper »Mechanismen in Gang bringen, die jenen ähneln, die von Arzneimitteln aktiviert werden«. Der Glaube, wieder gesund zu werden, verändert die Steuerung bestimmter Gene und erhöht die Herstellung heilsamer Proteine.

Das »Placebo-Effekt« (lateinisch für: Ich werde gefallen) genannte Phänomen scheint das mächtigste Wirkprinzip der

Heilkunde überhaupt zu sein. Unglaublich erscheinen die Geschichten aus dem Zweiten Weltkrieg: Weil das Morphin ausgegangen war, verabreichten Chirurgen vielen verwundeten Soldaten heimlich Salzlösungen – und linderten damit nachweislich die Schmerzen der Versehrten.

Eindrucksvoll demonstriert die Heilkraft der Hoffnung auch ein Experiment, bei dem an 6000 psychisch kranke Patienten Pillen ausgegeben wurden, die keinen Wirkstoff enthielten. Dazu erhielten die Patienten folgende Information: Die Einnahme der Pillen helfe den Ärzten, den Nutzen einer nachfolgenden Therapie zu erkennen. Die Patienten wussten also: Eigentlich durften sie noch gar keine Wirkung erwarten. Und doch war die Hoffnung bei vielen schon geweckt. Nach der Einnahme der Pillen fühlte sich die Hälfte der Patienten bereits gesünder.

In einer anderen Studie haben Ärzte schwangeren Frauen weisgemacht, sie erhielten ein Mittel, das ihre Übelkeit unterdrücken sollte. Die Wirkung war fabelhaft: Die meisten Frauen fühlten sich deutlich besser; ihr Magen beruhigte sich. Was die Frauen nicht wussten: In Wahrheit hatten sie Brechmittel erhalten. Der durch ihre Erwartungshaltung ausgelöste Placebo-Effekt jedoch hatte die pharmakologische Wirkung in ihr Gegenteil verkehrt!

Der Placebo-Effekt wird salonfähig

Der Einfluss des Placebo-Effekts in der gesamten Medizin ist erstaunlich groß, auch wenn genaue Zahlen nur schwer zu ermitteln sind. Aber bei den meisten Erkrankungen, schätzt der amerikanische Kardiologe Brian Olshansky, trägt Placebo zu 30 bis 40 Prozent zum Nutzen der medizinischen Maßnahmen bei. Dennoch genießt der schöne Schein unter den Ärzten keinen guten Ruf. Denn Vergleichsstudien entlarven ein ums andere Mal: Viele ausgeklügelte Heilversuche sind in Wahrheit nichts anderes als Träger eines Placebo-Effekts. Und wer lässt sich schon gern sagen, die eigenen Erfolge beruhten nur auf der Einbildung der Patienten?

Bis vor kurzem noch hätten viele Ärzte das Placebo-Phänomen verspottet, sagt Manfred Schedlowski vom Institut für Medizinische Psychologie des Universitätsklinikums Essen. »Jetzt aber sehen wir, dass es sich um eine hochspezifische Strategie des zentralen Nervensystems handelt.« Traditionell hätten Mediziner den Placebo-Effekt als etwas für »Hysteriker, Spinner und Simulanten« gehalten, erklärt auch Paul Enck von der Abteilung Psychosomatische Medizin und Psychotherapie des Universitätsklinikums Tübingen, »nun schenken ihm Ärzte große Aufmerksamkeit«.

Dieser Wandel ist nur möglich gewesen, weil die neurobiologische Forschung den Placebo-Effekt hat fassen können: Er hat eine biologische Entsprechung im Nervensystem und führt zu physiologischen Veränderungen im Körper und vor allem im Gehirn. Der Placebo-Effekt ist damit ein reales Hirngespinst, das zunehmend auch Schulmediziner fesselt. Viele von ihnen überlegen, wie sie das Potential des Placebo-Effekts den Patienten zugutekommen lassen können.

Auch die Akupunktur und die vielen anderen alternativen Heilmethoden erscheinen plötzlich in anderem Licht: Selbst wenn das theoretische Gedankengebäude vieler Verfahren aus naturwissenschaftlicher Sicht widersinnig ist, so wirken diese doch auf das Gehirn und die Nervenzellen und können die Selbstheilungskräfte des Menschen mobilisieren. Wer die Hoffnung eines Patienten weckt, kurbelt damit die Placebo-Schaltkreise in dessen Gehirn an.

Und die Entdeckung, dass Placebos zu realen Veränderungen in den Körperzellen führen, zeigt einmal mehr, dass die Gene nicht autistisch sind und sich beeinflussen lassen. Gedanken und Gefühle verändern offenbar über epigenetische Signale die physiologischen Abläufe in bestimmten Hirnarealen, etwa in Teilen des Kortex, im Thalamus, im Nucleus accumbens (mitzuständig für Wohlgefühl) und in der Amygdala (zuständig für Ängste).[3] Diese Gebiete bilden ein Placebo-Netzwerk, in dem Zuversicht in körpereigene Schmerzmittel übersetzt wird. Das Netzwerk kann offenbar physiologische Mechanismen aktivieren, die gegen Krankheiten und Stress ankämpfen. Das erklärt auch, warum unspezifische Verfahren den Ausbruch und Verlauf so unterschiedlicher Erkrankungen wie Entzündungen, Herzinfarkte oder Autoimmunerkrankungen günstig beeinflussen können.

Während die Forschung dem Phänomen des Placebos immer besser auf die Spur kommt, spielt es im klinischen Alltag noch eine zu kleine Rolle. Studien zufolge unterbrechen Ärzte ihre Patienten im Durchschnitt nach 18 Sekunden – da bleibt wenig Zeit, heilende Gefühle zu wecken. »Da werden die Kranken zwar in große Untersuchungsapparaturen geschoben«, sagt der Psychosomatiker Paul Enck, »aber keiner hat mehr die Zeit, ihnen die Hand zu geben.«

Entmutigung macht krank

Und schlimmer noch: Allzu rasch rauben etliche Ärzte ihren Patienten mit einer unbedachten Äußerung die Hoffnung. Diese Entmutigung kann ebenfalls physiologische Veränderungen hervorrufen, allerdings abträgliche: Die Erkrankung kann sich verschlechtern, und es können sogar ganz neue

Symptome entstehen. Dieser Nocebo-Effekt (lat. nocere = schaden) war zum Beispiel am Werk, als Ärzte im 19. Jahrhundert Tomaten als giftig darstellten – tatsächlich ließen sich daraufhin Menschen in Krankenhäusern wegen Tomatenvergiftung behandeln.

Notwendig, aber ebenfalls wenig bekömmlich ist das Lesen von Beipackzetteln. Die Nebenwirkungen von Betablockern etwa sind aus pharmakologischer Sicht eigentlich nicht nachzuvollziehen. Dass sie dennoch auftreten, scheint auch an einer sich selbst erfüllenden Prophezeiung zu liegen: Die Patienten entwickeln just jene Symptome, die sie als Nebenwirkungen auf dem Zettel gelesen haben.

Geradezu unheimlich ist, in welchem Ausmaß negative Manipulation das Wohlbefinden von Menschen beeinträchtigen kann. Becca Levy von der Yale University School of Public Health in New Haven (US-Bundesstaat Connecticut) hat das am Beispiel des Altersrassismus dargelegt. Sie ließ gesunde Testpersonen, die älter als 60 Jahre waren, einen Rechentest am Computer absolvieren.[4] Währenddessen blitzten verschiedene Begriffe zum Thema Altern am Rand des Bildschirms auf, so schnell, dass sie von den Testpersonen nur unterbewusst wahrgenommen wurden.

Bei der einen Gruppe wurden positive Begriffe wie »weise«, »belesen« und »kultiviert« eingeblendet, bei der anderen negative Stereotype wie »verwirrt«, »senil« und »hinfällig«. Ergebnis: Die negativ manipulierten Menschen schnitten in dem Rechentest deutlich schlechter ab. Überdies war ihr Blutdruck erhöht, und sie zeigten Anzeichen von nervösem Schweiß. Das bedeutet: Unterschwellige Verunglimpfung schlägt durch bis auf unsere Zellen und verändert die Art und Weise, wie der Körper arbeitet.

Es macht also einen gewaltigen Unterschied, ob ein Arzt sei-

nen Patienten mit einem dummen Spruch kommt oder ihn auf-
muntert. Der Kardiologe Brian Olshansky sagt: »Obwohl er nur
eine indirekte Intervention ist, kann der ärztliche Rat einen
mächtigen Placebo-Effckt auslösen – unglücklicherweise aber
auch einen Nocebo-Effekt.«

Der Schein der Chirurgie

Wenn Mediziner diesen Zusammenhang geringschätzen, dann
verkennen sie pikanterweise die Anfänge ihres Gewerbes.
Denn die meisten Methoden in der Geschichte der Heilkunst
gründeten auf nichts anderem als auf der Kraft der Suggestion.
Die sogenannte Dreckapotheke etwa hat die Medizin viele
Jahrhunderte lang geprägt: Spinnennetze, Asseln, selbst Vipern
wurden den Menschen als Heilmittel verkauft. Im alten Rom
wurden der Verzehr von Hundekot und das Sich-Laben an den
Brüsten milchgebender Sklavinnen angeraten, um die Gefahr
des Herztodes zu bannen. Gegen die Malaria, das wussten einst
spanische Ärzte, möge man sich einen Weinbrand genehmi-
gen, versetzt mit einer Prise Pfeffer und drei Tropfen Blut aus
dem Ohr einer Katze. So lange ist es nicht her, dass die Dokto-
ren ihre Patienten vorzugsweise mit Blutegeln und Lanzetten
zur Ader ließen – und viele dabei zu Tode kamen.

Warum rebellierten die Menschen nicht gegen all diese un-
sinnigen und gefährlichen Rosskuren? »Trotz des umfassen-
den Einsatzes dieser schädlichen Methoden und vieler anderer
absonderlicher Stoffe wurden Ärzte geachtet und verehrt«,
schrieb das Forscherehepaar Elaine und Arthur Shapiro von
der Abteilung für Psychiatrie der Mount Sinai School of Medicine in New York, »weil sie selbst das therapeutische Agens
für den Placebo-Effekt waren.«[5]

Trotz – oder gerade wegen – dieser Zusammenhänge haben Ärzte den Placebo-Effekt verhöhnt, seit er erstmals in der medizinischen Literatur auftaucht ist. »Placebo: ein Beiwort für jegliche Medizin, die man mehr einsetzt, um dem Patienten gefällig zu sein, als ihm zu nutzen«, hieß es 1811 im Hooper's Medical Dictionary – ein ganz schön hochmütiges Urteil aus einer Zeit, in der die Medizin kaum über pharmakologisch wirksame Mittel verfügte, dafür aber reichlich toxische Stoffe im Arsenal hatte!

Nicht nur Pillendreher, auch frühe Chirurgen vermeldeten immer wieder Erfolge, die in Wahrheit auf der Macht der Einbildung fußten. Fallsüchtigen Patienten etwa entfernten sie Teile des Dickdarms – in der Annahme, dieser sei vom Bacillus epilepticus besiedelt, einem imaginären Erreger der Epilepsie.

In den fünfziger Jahren sägten Ärzte Menschen, die unter Angina pectoris litten, den Brustkorb auf und banden eine bestimmte Schlagader mit einem Faden ab. Durch diese sogenannte Ligatur entstehe ein Rückstau, versicherten die Ärzte: Vermehrt fließe so Blut ins kränkelnde Herz. Reihenweise berichteten Patienten über eine spürbare Abnahme ihrer Beschwerden. Die Ligatur wurde zum Standard der Herzmedizin.

Dann machten Forscher der University of Kansas die Probe aufs Exempel: Sie versetzten Herzpatienten in Narkose. Der Hälfte von ihnen ritzten sie mit dem Skalpell leicht über die Brust, den anderen banden sie die Arterie fachgerecht ab. Ärzte, die nicht wussten, wer wie behandelt worden war, bewerteten anschließend das Befinden der Testpersonen. Und siehe da: Die Scheinoperation erwies sich als genauso wirksam wie die Ligatur; deren Erfolg beruhte also allein auf einem Placebo-Effekt. Daraufhin verschwand die Methode aus der Herzmedizin.[6]

Eine Untersuchung an 346 Menschen mit Rückenschmerzen legt nahe, dass es sich mit Eingriffen an der Bandscheibe ganz ähnlich verhält. Diese Patienten waren operiert worden, obwohl ihre Bandscheiben gar nicht vorgefallen und mithin keineswegs die Ursache der Pein waren – gleichwohl gaben 43 Prozent der Behandelten an, die Operation habe ihre Schmerzen gelindert. Auch eine der häufigsten medizinischen Prozeduren überhaupt – ein arthroskopisches Operationsverfahren – scheint auf einem Placebo-Effekt zu beruhen. Häufig wenden Mediziner diese Methode an, wenn das Kniegelenk verschlissen, der Knorpel beschädigt und abgebaut ist. Ärzte spülen dann an die zehn Liter Flüssigkeit durch das Knie, sie entfernen lockeres Material und glätten raue Oberflächen – fertig ist die sogenannte Kniegelenkstoilette.

Der Orthopäde Bruce Moseley am Veterans Affairs Medical Center im texanischen Houston wollte wissen, inwiefern die Prozedur wirksamer ist als eine Scheinoperation.[7] Dazu teilte er 180 Patienten mit mittelschwerer Knie-Arthrose nach dem Zufallsprinzip unterschiedlichen Gruppen zu. Wer in welcher Gruppe war, erfuhr Moseley aus versiegelten Briefen, die er erst unmittelbar vor der Operation öffnete. Die einen Patienten intubierte der Arzt, gab ihnen eine Vollnarkose und behandelte sie dann nach den Regeln der Arthroskopie.

Die Patienten der Placebo-Gruppe dagegen wurden mit einer Spritze in einen Dämmerschlaf versetzt. Zusätzlich erhielten sie ein starkes Schmerzmittel, dann ritzte Moseley ihnen mit dem Skalpell drei winzige Schnitte in die Haut und bewegte das Bein wie bei der richtigen Operation. Ein Assistent goss Wasser in einen Eimer, um die Spülgeräusche zu simulieren. Auch wenn die Probanden schliefen – alles sollte so echt wie möglich wirken.

Sämtliche Patienten wurden noch eine Nacht im Krankenhaus betreut und zur gleichen Zeit entlassen. Keiner erfuhr, was mit seinem Knie geschehen war. Es war aber auch egal: Zwei Jahre nach dem Experiment waren nahezu alle Patienten zufrieden mit dem Eingriff und in vielen Fällen froh, ihre Schmerzen losgeworden zu sein – es spielte allerdings gar keine Rolle, ob sie nun operiert worden waren oder nicht.

Obwohl Moseleys Ergebnisse bereits vor einiger Zeit im *New England Journal of Medicine* verkündet wurden, erfreut sich die arthroskopische Kniegelenkspülung weiterhin großer Beliebtheit: Jedes Jahr werden in deutschen Kliniken mehr als 190 000 Knie arthroskopisch traktiert; hinzu kommen Hunderttausende Eingriffe, die in den Praxen stattfinden. In den westlichen Staaten ist rund um die Methode eine Industrie mit vielen Milliarden Euro Umsatz entstanden – die Heilkraft der Einbildung wird teuer erkauft.

Placebo stellt Patient und Arzt zufrieden

Häufig gehen Ärzte auch dazu über, ihre Patienten gleich mit Scheinarznei zu behandeln. In den USA enthält etwa ein Drittel aller verschriebenen Arzneimittel keinerlei Wirkstoff; einer Umfrage in Israel zufolge verabreichen dort 60 Prozent der Ärzte gelegentlich Scheinbehandlungen. Und auch in Deutschland setzten vermutlich sehr viele Ärzte wissentlich oder unwissentlich Placebos ein, vermutet Erland Erdmann, Professor für Kardiologie an der Klinik III für Innere Medizin der Universität zu Köln.

Aber nicht nur Pillen aus Milchzucker und Stärke, sondern auch Apothekenprodukte, die pharmakologisch kaum oder gar nicht wirken, kommen als Scheinmedikamente zum Einsatz. Diverse Mittelchen auf Pflanzenbasis werden insbesondere Menschen mit Kopf-, Hals- oder Rückenschmerzen gegeben, bei denen eine organische Ursache ausgeschlossen werden kann. In anderen Fällen schreiben Ärzte die Namen bewährter Arzneimittel auf den Rezeptblock – allerdings sind sie derart gering dosiert, dass sie keine nennenswerte pharmakologische Wirkung entfalten können.

»Da glücklicherweise die meisten dieser Befindlichkeitsstörungen mit und ohne Behandlung von selbst verschwinden, erscheint es für den Patienten und den Arzt günstig, wenn mit der Autorität des weißen Kittels Pillen, Tropfen oder Lutschtabletten verordnet werden«, erklärt Erdmann. »Der Patient fühlt sich ernst genommen, und der Arzt hat etwas getan. Meistens sind dann beide zufrieden.«

Im Unterschied zu vielen ärztlichen Kollegen macht Erdmann keinen Hehl daraus, dass er selbst in die Placebo-Kiste greift. Einer jungen Frau zum Beispiel, deren Herzbeschwerden nicht nachvollziehbar waren, verschrieb der Professor Adoniskraut-Auszüge in geringsten Dosen und machte ihr Mut, dass ihre Beschwerden bald verschwinden würden.

Glücklich durch körpereigenes Rauschmittel

Die Interaktion zwischen Patient und Heiler regt im Gehirn des Hilfesuchenden jenes System an, über welches sonst Schmerz- und Rauschmittel aus der Gruppe der Opioide wirken. Das fanden Forscher so heraus: Zunächst verabreichten sie Menschen nach einer Zahnbehandlung eine Scheinmedikation – die Schmerzen ließen nach, die Patienten atmeten langsamer und ruhiger.

Dann aber gaben sie den Testpersonen die Arznei Naloxon. Diese blockiert einen bestimmten Opiatrezeptor im Gehirn und unterdrückt auf diese Weise das Glücksgefühl, das Menschen nach der Einnahme von Opium verspüren. Ganz ähnlich sahen sich die Testpersonen durch den Naloxon-Konsum ihrer guten Placebo-Gefühle beraubt – ihre Zahnschmerzen kehrten zurück. Und auch die Atmung, die durch Opiate typischerweise verlangsamt wird, wurde wieder nervöser.

Der Psychologe Tor Wager von der University of Michigan in Ann Arbor wollte herausfinden, in welchen Gehirnregionen die Zuversicht in biochemische Prozesse überschrieben wird.[8] Dazu fügten die Forscher männlichen Testpersonen leichte, aber unangenehme Stromschläge und Hitzereize am rechten Handgelenk zu und behandelten sie dann mit einem Scheinmedikament, einer Creme. Anschließend beobachteten sie mittels funktioneller Kernspintomographie, was sich im Gehirn der getäuschten Probanden tat: Tatsächlich verminderte sich die Aktivität just in jenen Regionen, in denen Schmerzen verarbeitet werden: im Thalamus, im vorderen cingulären Kortex und in der Inselrinde.

Sind diese Schaltkreise im Gehirn durch eine Erkrankung zerstört, ist das Potential zur Selbstheilung verloren. Menschen mit Morbus Alzheimer zum Beispiel erleiden einen regelrechten Verfall dieser Hirnregionen. Deshalb ist es nur folgerichtig, dass sie in keiner Weise auf vorgetäuschte Behandlungen ansprechen.

In organisch unversehrten Gehirnen dagegen setzt der Schein nicht nur schmerzstillende Prozesse in Gang, sondern erhöht die Aktivität bestimmter Gene und damit die Herstellung körpereigener Botenstoffe in den Zellen. Das haben Forscher der University of British Columbia an Patienten mit Parkinson-Krankheit nachgewiesen. Kurz nachdem diese wirkstofflose Tabletten erhalten hatten, setzten sie im Gehirn verstärkt den neuronalen Botenstoff Dopamin frei, der zum körpereigenen Belohnungssystem gehört.

Möglicherweise ist das auch bei anderen Erkrankungen ein zentraler Mechanismus des Placebo-Effekts: Wir erwarten eine klinische Verbesserung und bringen dadurch unbewusst unser Belohnungssystem in Wallung: Dopamin-Moleküle werden im Kopf freigesetzt – und stimmen uns zuversichtlich.

Erdbeermilch dämpft das Immunsystem

Auch das Immunsystem kann durch die Erwartung beeinflusst werden. Das hat die Gruppe um den Psychologen Manfred Schedlowski in einer Studie gezeigt.[9] In ihr nahmen 18 gesunde Männer zwei Tage lang alle zwölf Stunden Kapseln mit dem Wirkstoff Cyclosporin ein, der das Immunsystem unterdrückt. Mit den Kapseln tranken sie jeweils ein Glas Erdbeermilch, der die Forscher noch zwei Tropfen Lavendelöl und grüne Lebensmittelfarbe zugesetzt hatten.

Nach einer Woche Pause setzten die Freiwilligen das Experiment fort: Abermals tranken sie die parfümierte Erdbeermilch und nahmen ihre Medizin – nur dass die Kapseln diesmal gar keinen Wirkstoff enthielten. Der Körperabwehr der Testpersonen fiel das nicht weiter auf. Wie bei Einnahme von Cyclosporin wurde das Immunsystem gedämpft: Die Botenstoffe Interleukin und Interferon wurden vermindert hergestellt und ausgeschüttet; bestimmte weiße Blutkörperchen (T-Helferzellen) reiften nur noch verlangsamt heran.

Nicht nur bei Menschen, auch bei (anderen) Tieren tritt dieser Effekt auf. Um dies zu untersuchen, verfütterten Forscher an Ratten einen mit Saccharin gesüßten Trunk und spritzten ihnen gleichzeitig ein Zellgift namens Cyclophosphamid: Die Sterblichkeit unter den Tieren stieg dramatisch. Einem Teil der zunächst überlebenden Ratten ersparten die

Forscher fortan die Spritzen, gaben ihnen aber weiterhin ge-
süßtes Wasser. Dennoch starben die Tiere in großer Zahl: Den
süßen Trunk brachten sie offenbar mit den Injektionen in
Verbindung; deshalb wirkte er in ihrem Körper wie das Zellgift.

Spritze ist eindrucksvoller als Tablette

Bei Menschen kommen zu solchen Effekten der klassischen
Konditionierung noch die von Ärzten oder Heilern geweckten
Erwartungen hinzu. Schon der Anblick von Tabletten kann
dazu ausreichen: Blaue Tabletten zum Beispiel schläfern die
Leute ein, haben Placebo-Forscher erkannt. Gelbe Pillen üben
eine anregende Wirkung aus; rote Kapseln stärken das Herz.
Für alle Farben gilt: Markentabletten wecken stärkere Erwar-
tungen als nachgeahmte Produkte (Generika). Viermal am
Tag schlucken bringt mehr als zweimal am Tag. Und größere
Kapseln wirken stärker als kleinere.

Wer als Arzt die rechte Methode wählt, kann den Effekt
noch steigern. Spritzen und Schneiden etwa zeitigen bessere
Ergebnisse als Pillen und Zäpfchen. In einer Studie bekamen
herzkranke Menschen entweder wirkstofflose Tabletten verabreicht, oder ihnen wurde ein Schrittmacher eingesetzt, der
allerdings gar nicht angeschaltet war. In puncto Placebo schlug
die aufwendige Schrittmacher-Implantation das simple Pil-
lenschlucken um Längen.

Auch das Anbohren der Schädeldecke kann mentale Kräfte
freisetzen, das haben amerikanische Ärzte an 30 Patienten mit
Parkinson-Krankheit dargelegt.[10] Den Testpersonen wurde gesagt, es gehe um die Injektion fötaler Zellen ins Gehirn; Ziel sei
es, das von Parkinson befallene Denkorgan zu verjüngen. Sie

wussten aber auch, dass nur einige wirklich, andere hingegen bloß zum Schein operiert würden.

Die Ärzte spritzten 12 Patienten fötale Zellen ins Gehirn. Die 18 anderen wurden zwar ebenfalls mit Brimborium in den OP-Saal geschoben und betäubt. Dann bohrten die Mediziner jedoch bloß ein wenig die Schädeldecke an.

Wer wie behandelt wurde, blieb nach den Eingriffen zunächst geheim. Nach einem Jahr schließlich wurden die Patienten ausgiebig zu ihrem Befinden befragt: Für ihr Wohlergehen tat es gar nichts zur Sache, ob die Fötalzellen ins Gehirn gespritzt worden waren oder nicht. Entscheidend war vielmehr, was die Patienten die ganze Zeit über geglaubt hatten.

Jene, die von einer echten Operation ausgegangen waren, »gaben eine bessere Lebensqualität an als jene, die dachten, sie hätten bloß die Scheinoperation erhalten«, sagt die beteiligte Forscherin Cynthia McRae von der University of Denver. Erst nach der Befragung verriet sie den neugierigen Patienten, wer wie behandelt worden war. Eine Teilnehmerin hatte nach ihrem Eingriff angefangen, Wanderungen zu unternehmen und Schlittschuh zu laufen. Verdattert nahm sie zur Kenntnis, dass sie überhaupt nicht operiert worden war.

Psychotherapie kann Selbstheilung bewirken

Natürlich fußen nicht nur manche Methoden der Schulmedizin auf ausschließlich psychosozialen Effekten. Auch Heilpraktiker, alternative Mediziner und Gesprächstherapeuten verstehen es mitunter, die Selbstheilungskräfte ihrer Patienten zu entfachen. Seit Sigmund Freud sind unterschiedlichste Schulen der Psychotherapie entstanden, deren Anhänger jeweils behaupten, die seelischen Probleme ihrer Klientel mit spezifischen Therapieformen zu lösen. Sie wirken, weil sie jene Netzwerke im Gehirn ansprechen, über die auch Placebos ihre Heilkraft entfalten.

Akupunktur führt zu physiologischen Effekten

Die Akupunktur und ihr Procedere können ebenfalls Selbstheilungskräfte erwecken. Die Nadeltechnik nach chinesischer Tradition erfreut sich in industrialisierten Ländern großer Beliebtheit. Allein in Deutschland lassen sich jedes Jahr anderthalb Millionen Patienten pieksen und stechen. Je nach Anwendung soll die Prozedur Ekzeme verschwinden lassen, Wechseljahresbeschwerden lindern oder Schwangerschaften fördern.

Der Forscher Ted Kaptchuk und seine Kollegen an der Harvard Medical School in Boston haben untersucht, inwiefern auch eine nur vorgegaukelte Therapie in der Lage ist, Schmerzen zu lindern.[12] Dazu rekrutierten die Forscher 16 gesunde Testpersonen, die von der Nadeltechnik noch nicht gehört hatten, und erläuterten ihnen anhand einer Schautafel zunächst das Konzept der Akupunktur: beispielsweise, dass es mehr als 300 Akupunkturpunkte gebe, die auf Energiebahnen, den Meridianen, angeordnet seien.

Sodann drückten sie den Nadelnovizen einen Heizblock, der sich bis auf 52 Grad Celsius erhitzen konnte, an beide Arme. Gegen diese Schmerzen wurden sie an einem Arm akupunktiert; der jeweils andere Arm diente als Kontrolle.

Die Schmerzen auf der behandelten Seite nahmen viel stärker ab als auf der Kontrollseite – und das, obwohl Ted Kaptchuk die Probanden gleich in zweierlei Hinsicht genarrt hatte. Zum einen ließ er nicht auf richtige Akupunkturpunkte zielen. Zum anderen wurde gar nicht gestochen: Die Nadeln waren nämlich wie die Fühler einer Schnecke konstruiert. Kaum berührte eine Nadel die Haut, zog sie sich zurück.

Diese Schwindelnadeln beeindrucken nicht nur Testpersonen, sondern auch richtige Patienten, wie eine weitere Studie zeigte. Ted Kaptchuk verglich darin, ob Menschen mit schmerzhafter Sehnenscheidenentzündung besser auf Scheinakupunktur oder auf wirkstofflose Tabletten ansprechen. Das Ergebnis: Die falschen Nadeln erwiesen sich als erheblich effektiver.[13] Den Unterschied führt der Forscher auf die Rituale der traditionellen chinesischen Medizin zurück. Diese aus westlicher Sicht »kulturell neuartige Intervention« würde die Menschen schwer beeindrucken und sei ein hervorragender Träger des Placebo-Effekts.

Unterm Strich wirken Nadeltherapien sogar besser als manche Standardverfahren der Schulmedizin, zumindest bei den Volksleiden Knie- und Rückenschmerzen. Im Zug der Initiative Akupunkturstudien (German Acupuncture Trials, kurz: Gerac[14]) haben deutsche Mediziner 1162 Patienten mit Rückenschmerzen und 1039 Patienten mit Knieschmerzen untersucht. Sie wurden drei Gruppen zugelost. Die Mitglieder der ersten haben Mediziner nach dem Standard der Schulmedizin verarztet. In der zweiten Gruppe gab es Nadeltherapie nach chinesischem Vorbild. In der dritten Gruppe schließlich erhielten die Testpersonen bloße Scheinakupunkturen: Die Prüfärzte stachen die Nadeln einfach an beliebigen Stellen und nur sehr oberflächlich in die Haut.

Hinsichtlich der Wirkung konnte zwischen der fernöstlichen Akupunktur und der Schein-Nadelung kein Unterschied festgestellt werden. Trotzdem aber schnitten die Verfahren der Schulmedizin generell schlechter ab als die zwei Akupunkturvarianten: Von den Rückenkranken, die mit fernöstlicher Akupunktur behandelt wurden, gaben 47,6 Prozent deutlich weniger Beschwerden an; bei Schein-Nadelung lag der Vergleichswert bei 44,2 Prozent. Die Standardtherapie lag abgeschlagen zurück: Gerade einmal 27,4 Prozent der Probanden fühlten sich nach der schulmedizinischen Behandlung besser. Ein ganz ähnliches Bild zeigte sich bei den Kniekranken.

Im Unterschied zu den Schulmedizinern verstehen es die Nadeltherapeuten offensichtlich viel besser, die Hoffnung ihrer Patienten zu wecken. Der beteiligte Arzt Heinz Endres von der Universität Bochum und seine Kollegen sagen, dass »Akupunktur bedingt durch eine Kombination unspezifischer Faktoren ein ›Superplacebo‹ darstellt«.

Zuversicht für alle Heiler

Diese Erkenntnis passt zu Erfahrungen, wie sie der Arzt und Medizinanthropologe Cecil Helman in anderen Teilen der Welt gesammelt hat. Er hat Schamanen in Südamerika und Afrika studiert, ein Lehrbuch[15] zum Zusammenhang von Kultur und Gesundheit vorgelegt und fast 30 Jahre lang als Hausarzt in einem Vorort von London gearbeitet. Medizin sei in allen Kulturen ein Bühnenstück, konstatiert Helman: »Die Praxis des Doktors, die Krankenstation, der heilige Schrein oder die Hütte des Naturheilers können wir mit einem Theater vergleichen, voll mit Kulissen, Requisiten, Kostümen und einem Drehbuch.«

Dieses Skript ist Menschen seit Urzeiten vertraut. Als europäische Siedler sich in Amerika niederließen, trafen sie allerorten auf Menschen, die noch wie Jäger und Sammler lebten und eine Medizin mit Trommelschlägen, Gebeten und Tänzen betrieben. Das Spektakel dieser Indianer wurde von westlichen Ärzten als Quacksalberei verspottet – viele der ersten Siedler jedoch waren fasziniert von den außergewöhnlichen Heilkräften, die der Schamane übertrug.

Die Medizinmänner versuchten beispielsweise, das Böse mit dem eigenen Mund aus dem kranken Körperteil zu saugen – offenbar ein mustergültiger Einsatz des Placebo-Effekts.

Das neue Verständnis vom Placebo-Effekt sollte die Medizin verändern. Beispielsweise könnten Arzneimittelstudien schon bald völlig anders organisiert werden. Gegenwärtig kümmern sich viele Prüfärzte geradezu rührend um ihre Probanden: Jeden Tag fragen sie deren Befinden ab und bemühen sich persönlich – ungewollt lösen sie damit einen gewaltigen Placebo-Effekt aus. Und der macht es schwer, die pharmakologische Wirksamkeit der Testsubstanz zu erkennen. Immer wieder haben sich Mittel, die zunächst großartige Ergebnisse erbrachten, am Ende als pharmakologisch wirkungslos erwiesen – die Forscher hatten die von ihnen ausgelösten Placebo-Effekte unterschätzt.

Ein Ausweg wäre es, den Probanden die Verordnung heimlich zu verabreichen. Fabrizio Benedetti und seine Kollegen haben das bereits an Patienten ausprobiert, die nach Operationen über Schmerzen klagten.[16] Die Patienten der einen Gruppe waren jeweils allein in einem Raum und an eine Infusionsmaschine angeschlossen. Diese Maschine verabreichte ihnen Schmerzmittel, was ihnen allerdings niemand verriet. Patienten in der Kontrollgruppe dagegen bekamen es mit einem Arzt aus Fleisch und Blut zu tun. Der Doktor trat an sie heran, lobte das Schmerzmittel in den höchsten Tönen und verabreichte es den Patienten mit den eigenen Händen.

Die Forscher gaben den Patienten beider Gruppen nun jeweils so viel Arzneimittel, bis die Schmerzen jeweils um die Hälfte gesunken waren. Bei den Patienten, die von der Infusionsmaschine versorgt wurden und gar nichts von der Schmerzmittelgabe wussten, waren deutlich höhere Dosen notwendig, um dieses Ziel zu erreichen. Es ist ein geniales Experiment: Die Ärzte haben gar kein Placebo gegeben, aber sie haben sehr wohl einen Placebo-Effekt ausgelöst. Das Ausmaß des Effekts lässt sich ablesen im unterschiedlichen Arzneimittelverbrauch bei offener und versteckter Verabreichung.

Auf den klinischen Alltag übertragen bedeutet das: Ärzte, die ihre Patienten ausführlich über Verordnungen informieren und Zuversicht schenken, kommen mit weniger Medikamenten aus. Wenn ein Patient, der die Weisheitszähne gezogen bekommen hat, gründlich über die Wirkung von Schmerzmitteln aufgeklärt ist, dann ist das schon so viel wert wie die Gabe von sechs bis acht Milligramm Morphin.

Worte wie Medizin

Doch just in der Phase, in der die Hirnforschung die Bedeutung ärztlicher Anteilnahme wissenschaftlich untermauert, schwindet ihr Einfluss im medizinischen Alltag. »Von den Medizinstudenten bis zu den Chefärzten wird das nicht richtig ernst genommen«, sagt Manfred Schedlowski. »Die halten das für Psychogelaber.«

Es ist verrückt, aber für die oftmals beste Medizin – das Gespräch – bleibt in Deutschland und anderen Industriestaaten kaum Zeit. »Die gegenwärtige Abfertigung im Drei-Minuten-Takt geht nicht«, sagt der Tübinger Psychologe Paul Enck. »Das ist eine Entwicklung, die den Leuten Angst macht.« Die Kommunikation zwischen Arzt und Patient sei eindeutig eine der Schwachstellen im deutschen Gesundheitswesen, hat eine

Umfrage ergeben. 46 Prozent der Befragten bekommen demnach das Ziel einer Behandlung selten oder niemals von ihrem Arzt erklärt – wie sollen da die Heilkräfte der Einbildung entstehen?

Wo es Schulmedizinern an Einfühlungsvermögen fehlt, schlägt die Stunde der Akupunkteure und Heilpraktiker. Ihre Theorien gründen nicht auf den Naturgesetzen. Manche Methoden rufen jedoch über das Placebo-Netzwerk unspezifische Effekte hervor, die man nicht einfach wegdiskutieren sollte.

Seit einiger Zeit werden die Kosten für die Akupunktur bei chronischen Rücken- und Knieschmerzen von den Krankenkassen in Deutschland erstattet. Damit hat es ein Verfahren in den Leistungskatalog geschafft, das auf der Heilkraft der Einbildung beruht: Nichtphysische Faktoren (Zuversicht, Optimismus) bewirken in den Körperzellen physiologische Veränderungen.

Manche Mediziner halten es für moralisch falsch, Patienten wirkstofflose Behandlungen zu verabreichen und sie darüber im Unklaren zu lassen. Allerdings melden sich zunehmend Ärzte zu Wort, die das Verabreichen von Placebos offen befürworten. Der Herzspezialist Brian Olshansky etwa kann sich Situationen vorstellen, in denen es statthaft wäre, dem Patienten ein Scheinmedikament zu geben: Wenn der Doktor noch keine genaue Diagnose habe und es für den Erkrankten keine bessere Alternative gebe. Der Patient wäre einerseits vor Behandlungen mit noch schlimmeren Nebenwirkungen abgeschirmt. Zum anderen könnte er durch das Placebo bis zu 80 Prozent seiner Schmerzen verlieren.

Wichtiger aber noch erscheint Brian Olshansky ein Umdenken unter seinen Kollegen. Wäre es nicht wunderbar, wenn Schulmediziner erkennen, dass sie selbst unmittelbar auf die

Neurobiologie ihrer Patienten einwirken? Man wünscht sich, dass mehr Ärzte sich Brian Olshanskys Worte zu Herzen nähmen:

»Ein kalter, gefühlloser, unbeteiligter Arzt wird eine Nocebo-Antwort hervorrufen. Ein sorgender, einfühlsamer Arzt dagegen fördert Vertrauen, stärkt heilsame Erwartungen des Patienten und ruft eine starke Placebo-Antwort hervor. Ein Ansatz voller Anteilnahme ist mehr wert als jede rein medizinische Behandlung.«[17]

Kapitel 9
Intelligenz und wie man sie bekommt

Es ist die Elite von morgen, die sich in der Memorial Church auf dem Campus der Harvard University eingefunden hat. Auf den unbequemen Holzbänken sind junge Menschen unterschiedlichster Hautfarbe zu sehen. Viele von ihnen studieren hier, andere kommen vom Massachusetts Institute of Technology, das nur ein paar Kilometer entfernt ist.

Vorne sitzt ein weißhaariger Mann auf einem Stuhl. Es ist James D. Watson, an diesem Tag 79 Jahre alt, und die lebende Legende der Biologie.[1] Im Alter von nur 25 Jahren entdeckte der Amerikaner zusammen mit dem Briten Francis Crick (1916–2004) die dreidimensionale Anordnung des genetischen Materials: die DNA-Doppelhelix. Dafür erhielten Crick und Watson 1962 den Nobelpreis der Medizin. Überdies hat Watson die Entzifferung sämtlicher Erbanlagen des Menschen vorangetrieben, das Humane Genomprojekt.

An diesem Abend stellt Watson seine Memoiren vor. Sie werden als beispielhaft dafür gepriesen, wie man Erfolg im Leben haben kann. Viele im Publikum haben sich das Buch gekauft und lauschen nun erwartungsvoll Watsons Worten, der in seinem unnachahmlichen Nuschelton spricht.

Doch so undeutlich der große alte Mann der Biologie artikuliert, so seltsam sind auch seine Ratschläge, die er den Zuschauern gibt. Um im Leben voranzukommen, sei es für

Männer vielleicht gar nicht schlecht, mehrere Frauen zu haben. Nicht von ungefähr sei der von Mormonen gegründete US-Staat Utah, in dem es einst Vielweiberei gab, so erfolgreich, findet er, zieht die Schultern hoch und sagt dann noch: »Nicht alle Sachen früher waren schlecht, nur weil wir sie aufgegeben haben.«

Kein Wunder, dass es bald zu Diskussionen mit dem Publikum kommt. Irgendwann weist ein Student den großen Biologen darauf hin, dass die Menschen genetisch gesehen doch gleich seien. Watson aber findet: »Das ist Unsinn, natürlich gibt es Rassen.« Es sei doch klar, fährt er fort, dass es zwischen den weißen Australiern und den dunkelhäutigen Aborigines erhebliche Unterschiede gebe – und zwar nicht nur in der Hautfarbe. Was die Intelligenz verschiedener Ethnien angehe, sollten »wir nicht von vornherein annehmen, dass wir alle gleich sind«. Was er damit genau sagen will, mag Watson aber nicht verraten, zumindest nicht vor diesem Publikum. Die Studenten schauen sich verwirrt an; der Abend ist dahin.

Zwei Wochen vergehen, dann legt Watson in einem Interview mit britischen Journalisten ungeniert nach:[2] Er sehe für »die Zukunft Afrikas von Natur aus schwarz«, weil »all unsere Sozialpolitik auf der Tatsache fußt, dass deren Intelligenz dieselbe ist wie unsere – wohingegen alle Tests sagen, dass dies wirklich nicht so ist«.

Der bekannte Biologe ist nicht der einzige Akademiker, der Menschen aufgrund ihrer Hautfarbe eine verminderte Intelligenz unterstellt. Im Jahr 1994 legten der (inzwischen verstorbene) Psychologe Richard Herrnstein und der Politologe Charles Murray das Buch *The Bell Curve* vor, in dem sie fordern, amerikanischen Studenten mit dunkler Hautfarbe den Zugang zu Universitäten nicht zu erleichtern. Auch hier lautet die Begründung: Aufgrund ihrer Erbanlagen seien Schwarze nun einmal weniger intelligent als Weiße. Diese Behauptung hat Tradition: 25 Jahre zuvor hatte der Psychologe Arthur Jensen von der University of California in Berkeley einen Aufsatz veröffentlicht, der Leistungsunterschiede in den Schulen als erbbedingt darstellte: Die meisten minderbegabten Kinder hätten eine dunkle Hautfarbe; deshalb sei mangelnde Intelligenz ein Merkmal ihrer ethnischen Ausstattung. Aus diesem Grund würde die frühe Förderung von Kindern aus sozial benachteiligten Minderheiten nichts bringen.

Zu Zeiten der Sklaverei hat die amerikanische Gesellschaft Menschen mit dunkler Hautfarbe Schulausbildung und den Zugang zu Büchern verweigert. Viele Generationen wurden von der weißen Bevölkerungsmehrheit systematisch von der Bildung ausgeschlossen. Auch nach der offiziellen Abschaffung der Sklaverei blieb es bei der Rassentrennung, die amerikanischen Kinder mit dunkler Hautfarbe gingen auf Schulen für Schwarze, die miserabel ausgestattet waren. Wenig verwunderlich ist es deshalb, dass Kinder mit dunkler Hautfarbe benachteiligt waren, als sie in den 50er Jahren des vergangenen Jahrhunderts auf jene öffentlichen Schulen kamen, die bis dahin hellhäutigen Kindern vorbehalten waren.

Die aufgrund der Diskrimierung unterschiedlichen Schulleistungen weißer und schwarzer Kinder in den Vereinigten Staaten haben weiße Akademiker wie Jensen, Herrnstein, Murray und Watson als angeblichen Beleg dafür angeführt, dunkelhäutige Menschen seien aufgrund ihrer genetischen Ausstattung intellektuell unterlegen – eine perfide Strategie.

Dabei hat ein natürliches Experiment bereits längst offenbart, dass die Hautfarbe keinen Einfluss auf die Intelligenz hat. Es spielt im Westdeutschland der Nachkriegszeit. Etliche Soldaten der amerikanischen Armee haben Nachwuchs mit deutschen Frauen gezeugt: die damals so genannten Besatzungskinder. Einige dieser Kinder haben einen hellhäutigen Amerikaner zum Vater, andere einen dunkelhäutigen. Sie alle waren Deutsche und konnten die gleichen Schulen besuchen. Im Psychologischen Institut der Universität Hamburg war es Klaus Eyferth, der darin eine einmalige Chance sah. Im Jahr 1961 notierte er: »Es ist Ziel der Untersuchung, die Entwicklungseigentümlichkeiten der farbigen Kinder durch einen Vergleich mit den weißen Vpn (Anmerkung des Autors: Versuchspersonen) aufzudecken. Die weißen Besatzungskinder wurden als Kontrollgruppen herangezogen, weil sie in allen Merkmalen den Mischlingskindern gleichen, die außer der Farbigkeit deren Entwicklung wahrscheinlich beeinflussen (uneheliche Geburt, sozialer Status etc.).«[3]

Die Wortwahl ist befremdlich, doch seine Studie ging Eyferth unvoreingenommen an. 264 Kinder und Jugendliche ließ er einen Intelligenztest absolvieren: 181 der Prüflinge waren farbig, 83 waren weiß. Das Ergebnis: Einerseits schnitten Jungen mit dunkler Hautfarbe etwas schlechter ab als die Knaben mit heller Haut. Andererseits erzielten die Mädchen mit dunkler Hautfarbe etwas bessere Ergebnisse als die hellhäutigen Mädchen. Zusammengenommen haben die an den Zehnjährigen durchgeführten Intelligenztests ergeben: Deutsche Schüler mit einem hellhäutigen Vater lagen bei einem durchschnittlichen IQ von 97; jene mit einem dunkelhäutigen Vater kamen auf einen durchschnittlichen Wert von 96,5 – praktisch gibt es keinen Unterschied.

Nichts anderes haben Molekularbiologen in den vergangenen Jahren herausgefunden. Die Hautfarbe hat nichts mit der Intelligenz zu tun. Ein weißer Südafrikaner kann sich stärker von einem ebenfalls weißen Landsmann unterscheiden als von einem schwarzen Landsmann.

Auch was Intelligenzunterschiede innerhalb einer ethni-

schen Gruppe angeht, sind die Genforscher trotz großer For-
schungsanstrengungen nicht fündig geworden. Der Verhaltensgenetiker Robert Plomin aus London hat das Erbgut
Tausender Schulkinder nach Abschnitten durchsucht, die mit
der Intelligenz zusammenhängen. Am Ende blieb eine Assoziation übrig, aber sie erklärt nur 0,4 Prozent der beobachteten
Intelligenzunterschiede. Das bedeutet: Wenn in einer Gruppe
von Menschen der IQ der Individuen von 80 bis 130 reicht,
dann erklärt das wichtigste bisher entdeckte Gen einen Anteil
von nicht einmal 0,25 IQ-Punkten. Und ob hinter der 0,4-Pro-
zent-Assoziation überhaupt ein Gen steckt, ist ebenfalls noch
gar nicht bewiesen.[4]

Eines dagegen ist bereits klar: Eine biologische Wurzel, be-
stehend aus einem oder einigen wenigen »Intelligenz-Genen«,
gibt es nicht. Vermutlich sind es Hunderte, wenn nicht gar
Tausende Gene, die für die kognitiven Fähigkeiten eines Menschen eine Rolle spielen – und das tun sie natürlich im Zusammenspiel mit den Einflüssen aus der Umwelt.

Gene lösen kulturelle Reize aus

Ausgerechnet äußere Faktoren können dazu führen, dass Forscher die Talente von Kindern für angeboren halten. Gering-
fügige genetische Vorteile können zu großen Vorsprüngen im
IQ führen, weil die Umwelt auf diese Vorteile reagiert, etwa indem das Kind extrem gefördert wird. Nehmen wir als Beispiel
Basketball: Ein Kind, das überdurchschnittlich groß ist, wird
wahrscheinlich besonders gerne Basketball spielen, weil es im
Schulsport viele Körbe erzielt und viel Erfolg hat. Seine Eltern
stellen in der Garageneinfahrt einen Korb auf. Durch die viele
Spielpraxis verbessert es sich und fällt dem Sportlehrer auf,

der es einer Vereinsmannschaft empfiehlt. Das Training und die Spiele am Wochenende führen zu einem verbesserten Ballgefühl. Jetzt hat das Kind nicht nur einen Größenvorteil, sonders es kann inzwischen viel besser den Ball fangen und werfen als seine Klassenkameraden. Diese Ballgefühl aber geht allein auf die Umweltreize zurück, nicht etwa auf die Gene.

Bezogen auf die Intelligenz kann es ähnlich gehen. Ein Kind, das vergleichsweise neugierig ist, wird von seinen Lehrern und Eltern besonders gefördert und häufiger für seine Geistesanstrengungen gelobt. »Das wird das Kind schlauer machen als ein Kind mit einem geringeren genetischen Vorteil – aber der genetische Vorteil kann sehr klein sein und kann einen großen Effekt hervorrufen, indem er in der Umwelt ›Vervielfältiger‹ auslöst, die entscheidend dafür sind, dass der Vorteil zum Tragen kommt«, erläutert der Psychologe Richard Nisbett von der University of Michigan in Ann Arbor.[5] Diesen Verstärker-Effekt schlagen Forscher irrigerweise den Genen zu und unterschätzen auf diese Weise die Rolle der Umwelt.

Zwillingsstudien mit verfälschten Ergebnissen

Um den Einfluss der Gene auf die Intelligenz zu messen, vertrauen Genetiker am liebsten auf Studien unter Zwillingen. Wenn biologische Faktoren die Geisteskraft hauptsächlich vorbestimmen, dann sollten die IQ-Werte von eineiigen und damit genetisch identischen Zwillingen ähnlicher sein als die Werte von zweieiigen Zwillingen. Zu just diesem Ergebnis kommen viele Studien auch – was allerdings kein Beweis für eine genetische Grundlage der Intelligenz sein muss. Denn die Zwillinge in den meisten Studien sind in erstaunlich ähnlichen Verhältnissen aufgewachsen: in behüteten Familien der

Mittelschicht, die man als bildungsnah bezeichnen kann. Aus diesem Grund machen solche Familien verstärkt an Studien zur Zwillingsforschung mit – Eltern aus schwierigen Verhältnissen haben dafür zumeist keinen Sinn.

Eric Turkheimer von der University of Virginia in Charlottesville ist dieses Missverhältnis vor einiger Zeit aufgefallen. Dass die Gene eine Rolle spielen, würde der Forscher nicht bestreiten. In der Verhaltensgenetik sage man, die Leute schrieben alles der Umwelt zu – »bis sie dann ihr zweites Kind bekommen«, scherzt Turkheimer.

Aber die Story, wonach die Gene selbstverständlich über die Intelligenz bestimmen, die erschien ihm dann doch zu simpel. Als klinischer Psychologe hat er immer wieder Menschen behandelt, die in armseligen Verhältnissen aufgewachsen waren. Dabei hat Turkheimer es in vielen Fällen fast spüren können: Das widrige Milieu hatte die Geisteskraft seiner Patienten unterdrückt.

Doch konnte er seine Vermutung auch wissenschaftlich beweisen? In der Literatur zur Intelligenz kamen Zwillinge aus schwierigen Verhältnissen nicht vor. Turkheimer hat das misstrauisch gemacht: Wenn Wissenschaftler stets nur Zwillinge aus begütertem Haus testen, führt das nicht zu einem verfälschten Ergebnis? Verfälscht deshalb, weil Umweltfaktoren wie Stress und Vernachlässigung bei diesen privilegierten Testzwillingen gar nicht erst auftauchen? Mit seinen Kollegen machte sich Turkheimer auf die Suche nach Daten von Zwillingen aus armen und sozial benachteiligten Familien. Der Psychologe fand eine Quelle, eine ganz ausgezeichnete sogar: Im National Collaborative Perinatal Project der Vereinigten Staaten haben Forscher knapp 60 000 Kinder aus zwölf Städten erfasst und die ersten sieben Jahre ihres Lebens nachverfolgt. Zum Abschluss der Untersuchungen machten alle Kinder einen Intelligenztest. Aus diesen Fällen filterte Turkheimer am Ende 319 Zwillingspaare (114 waren eineiig, 205 zweieiig) heraus. 43 Prozent von ihnen hatten eine weiße Hautfarbe und 54 Prozent eine dunkle. Drei Prozent gehörten anderen ethnischen Gruppen an.

Für die weißen Kinder aus wohlhabendem Haus ergab sich: Ihre unterschiedlichen Leistungen im Intelligenztest gehen zu knapp sechzig Prozent auf die Gene zurück. Ganz anders aber war das Ergebnis für die Kinder aus sozial benachteiligten Familien – die Erblichkeit der Intelligenz war bei ihnen praktisch gleich null. Bei den »ärmsten Zwillingen schien der IQ fast ausschließlich durch ihren sozio-ökonomischen Status bestimmt zu sein«, erklärt Turkheimer. Die chaotischen Familienverhältnisse haben das genetische Potential unterdrückt. Übertragen auf eine Stadt wie Berlin bedeutet dies: Kinder in reichen Vierteln wie Dahlem wachsen oftmals in intakten und bildungsnahen Familien auf, und das Potential ihrer Gehirne können sie gut und mitunter sogar maximal abrufen. Das spiegelt sich in den generell guten Abiturnoten wider. Individuelle Unterschiede in den Schulnoten gehen dann eher auf genetische Unterschiede zurück. Kinder in einem armen Bezirk wie Neukölln dagegen leben oftmals in schwierigen Verhältnissen und können das Potential ihrer Gehirne mitunter nur sehr eingeschränkt ausschöpfen. Die Noten in dem Bezirk sind durchwachsen. Wenn Kinder aus Neukölln unterschiedliche Noten haben, dann gehen diese Unterschiede vor allem auf Einflüsse aus der Umwelt, sprich: die familiäre Situation zurück. Und auch der Leistungsunterschied zwischen Schülern aus Dahlem und Neukölln liegt an der jeweils anderen Umwelt.

Der ehemalige Berliner Finanzsenator und Politiker Thilo Sarrazin hat in einem Zeitungsinterview erklärt, Intelligenz

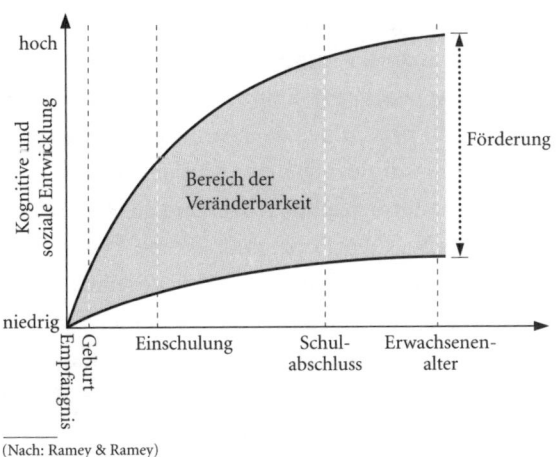

(Nach: Ramey & Ramey)

Abbildung 7: Einfluss der Umwelt auf Gehirn und Geist

sei erblich, und deshalb sei es illusorisch zu glauben, man könne Menschen durch die Schule ändern.[6] Damit deutet Sarrazin an, die von ihm kritisierten Berliner Schüler mit Migrationshintergrund, mit Eltern etwa aus der Türkei oder dem Libanon, wären von Natur aus geistig minderbemittelt. Diese Ansicht ist allein schon wissenschaftlich gesehen blanker Unsinn.

Das Gegenteil ist der Fall, gerade die sozial benachteiligten Schüler würden von Förderung besonders profitieren. Richard Nisbett von der University of Michigan in Ann Arbor sagt: Die »erwartbar niedrigen IQs für Kinder von Eltern aus der Unterschicht können erheblich verbessert werden, wenn die Umwelt ausreichend kognitive Anreize bietet«.[7]

Wie mächtig der Einfluss der Umwelt auf die Intelligenz ist, haben die Psychologen Sharon Landesman Ramey und Craig Ramey von der Georgetown University in Washington DC dokumentiert. Es ging um Kinder, deren leibliche Eltern gesund waren, aber äußerst arm und schlecht ausgebildet. In einem Projekt etwa kamen die Kinder im Alter von sechs Wochen tagsüber in eine besondere Krippe, in der es für drei Kinder einen Lehrer gab und in der sie besonders gefördert wurden. Nach drei Jahren war der IQ dieser Kinder um etwa 13 Punkte höher als bei Kindern gleichen Alters und gleicher Schicht, die nicht in den Genuss der Förderung kamen.[8] Diese Verbesserungen werden über neurobiologische Vorgänge vermittelt. Die Erfahrungen und Herausforderungen, der Zuspruch der Lehrer und die spielerischen Aufgaben erhöhen die Aktivität bestimmter Gene. In diesem Wechselspiel prägt sich jener Zustand aus, den wir Intelligenz nennen.

Schlau durch Adoption

Um den Einfluss der Umwelt auf die Geisteskraft zu erfassen, haben die französischen Psychologen Christiane Capron und Michel Duyme Kinder untersucht, die in Adoptivfamilien Aufnahme gefunden hatten.[9] In den meisten Fällen kommen Kinder aus schwierigen Verhältnissen in besser gestellte Familien aus der Mittel- und Oberschicht. Seltener geht es in die umgekehrte Richtung: Kinder aus begütertem Haus kommen in eine arme Adoptivfamilie – und diese Fälle wollten die Franzosen ebenfalls erforschen. Sie wühlten sich so lange durch staubige Akten, bis sie Unterlagen zu solchen Familien gefunden hatten.

Dann kontaktierten sie die Familien. Sie ermittelten die Intelligenzquotienten der adoptierten Kinder und fanden zweierlei. Ganz gleich, ob sie zu armen oder reichen Adoptiveltern gekommen waren, Kinder mit reichen leiblichen Eltern schnitten besser bei dem Test ab als die Kinder, die ursprünglich aus der Arbeiterschicht stammten. Entscheidend und bemerkenswert ist der zweite Befund: Die sozialen und ökonomischen Verhältnisse einer Adoptivfamilie haben einen großen Einfluss darauf, wie schlau das aufgenommene Kind später einmal sein wird. Wenn Kinder reicher Eltern von armen Familien aufgenommen wurden, dann hatten sie einen durchschnittlichen IQ von 107,5. Wenn Kinder reicher Eltern dagegen von reichen Familien adoptiert wurden, dann verfügten sie über einen durchschnittlichen IQ von 119,6 – das ist in ein Unterschied von 12 Punkten. Das bedeutet: Die Umwelt hat einen gewaltigen Einfluss auf die Intelligenz.

In einer anderen Studie wollten die Psychologen wissen, was passiert, wenn ein Kind aus einer sozial schwachen Familie in eine reiche Adoptivfamilie kommt und die Geschwisterkinder bei den armen leiblichen Eltern bleiben. Bei Intelligenztests erreichten die adoptierten Kinder Werte von 107 und 111. Ihre Geschwister, die bei den leiblichen Eltern geblieben waren, kamen jeweils auf 95 – wieder macht die Umwelt einen Unterschied in der Größenordnung von mindestens 12 Punkten.

Damit war die Neugier der französischen Psychologen aber noch nicht gestillt. In einer dritten Studie schließlich wollten sie herausfinden, inwiefern sich die Geisteskraft stark vernachlässigter Kinder verändert, wenn diese erst nach einigen Jahren in eine neue Familie kommen.[10] Aus mehr als 5000 Akten zu Adoptionen suchte Michel Duyme die Unterlagen zu 65 Kindern heraus, die in besonders schlimme Verhältnisse hineingeboren worden waren. Sie waren von ihren leiblichen Eltern derart vernachlässigt und misshandelt worden, dass sie auf Einschreiten der Behörden in Adoptivfamilien kamen. Diese Adoptionen fanden jedoch vergleichsweise spät statt, und zwar, als die Kinder zwischen vier und sechs Jahren alt waren.

Bevor die Kinder in neue Familien kamen, führten die Mitarbeiter der Jugendämter und Behörden mit ihnen psychologische Tests durch. Der Intelligenzquotient lag jeweils zwischen 60 und 86. Michel Duyme war bedrückt, als er diese Zahlen in den Unterlagen las. Bei Werten von unter 80 gelten Kinder als lernbehindert – was konnte das neue Umfeld der Adoptivfamilie da überhaupt noch ausrichten?

Um das herauszufinden, machte Michel Duyme die Kinder ausfindig und kontaktierte ihre neuen Familien und Schulen. Die Kinder waren zu diesem Zeitpunkt mittlerweile Jugendliche und zwischen 11 und 18 Jahren alt. Nun führten Psychologen ein zweites Mal Tests mit ihnen durch, wobei sie allerdings eine List anwandten. Weil sie möglichst unverfälschte Ergebnisse haben und die adoptierten Jugendlichen nicht bloßstellen wollten, haben die Forscher die Tests als Klassenarbeiten getarnt, an denen alle Mitschüler teilnahmen. Die Ergebnisse sind ermutigend: Wenn ein Kind aus zerrütteten Verhältnissen in eine sozial schwache, aber intakte Adoptivfamilie kam, dann war der IQ um 8 Punkte gestiegen. Und wenn solch ein Kind in eine Familie der oberen Mittelschicht oder Oberschicht gekommen war, dann verbesserte es seinen IQ sogar um 19,5 Punkte.

Das Gehirn startet durch

Den vorstehenden Befunden können viele zur Seite gestellt werden. Vor vielen Jahren hatten französische Nonnen im Libanon ein Waisenhaus gegründet für Kinder, die sofort nach ihrer Geburt von den Eltern verlassen worden waren. Es war eine Einrichtung, die sich auf das Allernötigste beschränkte. Die Kinder saßen nebeneinander auf dem Töpfchen, sie schliefen in Krippen in langen Reihen in einer Halle. Auf Sauberkeit wurde in dem Heim mehr geachtet als auf Fürsorge. In den 70er Jahren wurden jedoch Forscher auf das Waisenhaus aufmerksam und machten 136 Kinder ausfindig, die hier einst aufgezogen worden waren. 85 von ihnen hatten, um ihren dritten Geburtstag herum, das Heim verlassen und Aufnahme in Adoptivfamilien gefunden. Und um ihren elften Geburtstag herum machten alle 136 Kinder einen Intelligenztest. Die Ergebnisse waren eine kleine Sensation: Die adoptierten Kinder hatten einen durchschnittlichen IQ von 85 und lagen damit im normalen Bereich ihres Umfelds. Die Kinder, die nicht aus dem Heim wegadoptiert worden waren, hatten einen durchschnittlichen IQ von ungefähr 65 – sie waren geistig schwer zurückgeblieben.

Diese Ergebnisse und die Resultate von 61 weiteren Studien mit insgesamt knapp 18 000 adoptierten Kindern haben Forscher der Universität Leiden untersucht und überall vergleichbare Effekte gefunden.[11] Sie schreiben: »Im Gegensatz zu landläufigen Meinungen überwinden die meisten adoptierten Kinder ihre verzögerte Entwicklung und können von den Möglichkeiten der Erziehung in den Adoptivfamilien und Schulen profitieren.«

Einige wenige Kinder allerdings bleiben im Unterricht zurück, vermutlich weil ihre Gehirne durch extreme Vernachlässigung und gravierende Fehlernährung organisch geschädigt sind. In den meisten Fällen jedoch blühen die Kinder unglaublich auf. Das ist einmal mehr ein Hinweis, wie wandelbar und plastisch das menschliche Gehirn ist.

Nahrung für die Nerven

Wie kein zweites Organ ist das Gehirn auf die Außenwelt angewiesen, um sich normal entwickeln zu können. Die Stimulation durch Eltern und Lehrer mag noch so groß sein – wenn die Nervenzellen nicht ausreichend ernährt werden, wenn es beispielsweise in manchen sozial schwachen Familien an der Zufuhr von Vitaminen und Spurenelementen mangelt, dann können sie ihr Potential nicht voll entfalten. Umgekehrt scheint Muttermilch eine besonders gute Nahrung für die grauen Zellen zu sein, weil sie reich an bestimmten Fettsäuren ist, die wichtig für die Entwicklung des Gehirns sind. Blei und Alkohol dagegen wirken wie Gift auf die Nervenzellen und können Symptome hervorrufen, die nach außen wie geistige Behinderungen aussehen.

Wenn es darum geht, wie schlau und begabt ein Kind ist, dann halten viele Menschen die biologische Ausstattung für den wichtigsten Faktor – und verkennen dabei, dass beispielsweise der Wohnort einen größeren Effekt auf das Gehirn haben kann als die Gene. In der amerikanischen Stadt Boston haben Forscher herausgefunden: Kinder, die in der Nähe von Straßen und Kreuzungen leben und besonders hohen Mengen an Abgasen aus Verbrennungsmotoren ausgesetzt sind, haben einen um 3 Punkte geringeren IQ als Altersgenossen in Wohnorten mit sauberer Luft.[12] Ruß und andere Substanzen können offenbar bis in das Gehirn gelangen und dort die Arbeitsweise der Nervenzellen verändern. Hunde, die der verschmutzten Luft in Mexiko-Stadt ausgesetzt sind, haben verkümmerte Gehirne, wie man sie von Morbus Alzheimer kennt.

Ähnlich wie Schadstoffe können auch seelischer Druck, Nöte, Sorgen und Vernachlässigung die Intelligenz vermindern. Stress kann man physisch nicht fassen, aber im Gehirn von Säugetieren bewirkt er messbare Schäden: Er verändert die Arbeit der Neurotransmitter, unterdrückt die Bildung neuer Nervenzellen, beeinflusst die Wirkung von Stresshormonen und verringert das Volumen des Hippocampus sowie des präfrontalen Kortex.

Der Hippocampus ist die Eingangspforte in das Gedächtnis, und der präfrontale Kortex verleiht uns die sogenannte flüssige (oder fluide) Intelligenz, die in jungen Jahren besonders ausgeprägt ist. Sie schenkt Kindern die schnelle Auffassungsgabe und ist für das Lernen entscheidend (die kristallisierte oder kristalline Intelligenz dagegen umfasst die erlernten Dinge und nimmt im Alter noch zu). Es liegt also nahe zu vermuten, dass dauerhafter Stress ein Schulkind gleichsam dumm halten kann.

Dieser Frage sind Gary Evans und Michelle Schamberg von der Cornell University im US-Bundesstaat New York nachge-

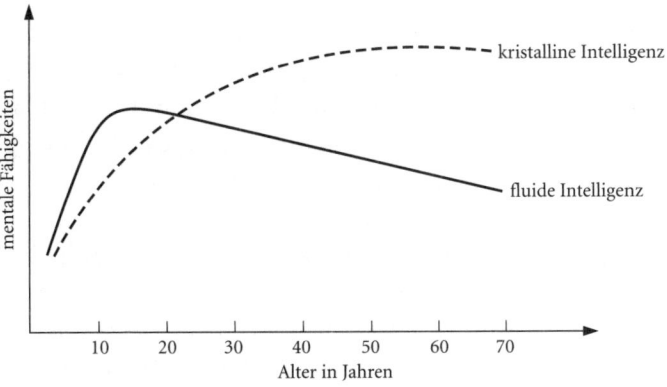

(Nach: Richard Nisbett: Intelligence and how to get it. New York 2009)

Abbildung 8: In jungen Jahren ist die fluide Intelligenz besonders wichtig. Chronischer Stress verhindert, dass sie sich im Gehirn normal ausbilden kann.

gangen, und zwar in einer Langzeitstudie an 195 Schülerinnen und Schülern.[13] Sie errechneten die jeweilige Stressbelastung der Kinder, als diese neun und 14 Jahre alt waren, und zwar anhand eines Indikators (in der englischen Sprache: allostatic load), der sich aus sechs Messwerten zusammensetzt: dem Spiegel dreier Stresshormone, dem diastolischen und systolischen Blutdruck und dem Body-Mass-Index. Je höher diese Messwerte liegen, desto stärker plagt einen Menschen der Stress.

Als die Forscher die Werte der 195 Jugendlichen abglichen, fiel ihnen ein Muster auf: Diejenigen, die aus verarmten Verhältnissen kamen, hatten eine deutlich erhöhte Stressbelastung. Anhand früherer Studiendaten konnten die Forscher zudem genau ermitteln, wie lange die untersuchten Jugendlichen nach ihrer Geburt in armen Verhältnissen gelebt hatten. Auch hier kam heraus: Je länger die Kinder in Armut verbracht hatten, desto höher war ihr Stressindikator.

Nun wollten die Forscher wissen, ob der vermehrte Stress Spuren im Gehirn hinterlassen hatte. Dazu testeten sie das Gedächtnis der Jugendlichen, als diese 17 Jahre alt waren. Abermals schälte sich ein Muster heraus: Jene, die ihr ganzes Leben in Armut verbracht hatten, konnten im Durchschnitt 8,5 Dinge im Gedächtnis behalten. Die umsorgten Sprösslinge aus der Mittelschicht waren schlauer: Sie konnten durchschnittlich 9,4 Dinge speichern.

Die Ergebnisse allein beweisen noch keinen direkten Zusammenhang zwischen Stress und Gedächtnis, aber mit einer speziellen statistischen Methode konnten die Forscher andere Faktoren ausschließen. Das schlechtere Arbeitsgedächtnis geht tatsächlich auf den Stress zurück und nicht auf andere Merkmale von Armut. Das könnte bedeuten: Kinder, die in stressigen Verhältnissen aufwachsen, tun sich in der Schule schwerer und erscheinen den Lehrern »dümmer« als Kinder

aus wohl behüteten Verhältnissen. Sie kriegen schlechte Noten, müssen sich mit schlecht bezahlten Jobs begnügen und
bleiben arm. Wenn sie Kinder haben, dann wachsen diese ihrerseits in einem stressigen Milieu auf. Der Teufelskreis wie-
derholt sich.

Reden ist Gold

Das Gehirn ist ein Spiegel der Erziehung. Aus dem aktiven
Wortschatz eines Menschen lässt sich heraushören, wie viel
seine Eltern einst mit ihm gesprochen haben. Die Psychologen
Betty Hart und Todd Risley von der University of Kansas haben die Familien von Kindern unterschiedlichster Hautfarbe
und sozialer Klasse besucht und stundenlang notiert, wie viel
Eltern und Kinder miteinander sprachen.[14] Die Unterschiede
waren nicht zu überhören: Berufstätige Eltern der Mittelschicht redeten dauernd mit ihren Kindern; sie erklärten die
Welt, gaben Einschätzungen ab, erzählten von ihren Erfahrungen und Gefühlen und fragten die Kinder nach deren Erlebnissen und Bedürfnissen. Natürlich rügten sie ihre Kinder auch,
aber einer Ermahnung standen sechs ermunternde Kommen-
tare gegenüber. Im Durchschnitt sagten die Eltern jede Stunde
2000 Worte zu ihrem Kind.

In Haushalten von Sozialhilfeempfängern wurde merklich
weniger geredet. Jede Stunde waren es nur 1300 Worte. Die
waren auch unfreundlicher: Auf eine Rüge kamen nur zwei
Ermunterungen. Die unterschiedlichen Tischsitten fielen
ebenfalls auf. Eltern der Mittelschicht banden die Kinder in
das Gespräch ein. Mütter und Väter der sozial schwachen
Schicht dagegen sprachen zueinander, als ob die Kinder gar
nicht mit am Tisch säßen.

Im Alter von drei Jahren hatte ein Kind der Mittelschicht rund 30 Millionen Wörter zu hören bekommen – ein Kind der Unterschicht nur 20 Millionen. Entsprechend unterschied sich das Vokabular. Die Kinder der Mittelschicht hatten 1100 Wörter auf Lager – die Kinder von Sozialhilfeempfängern nur 525.

Auch zum Lesenlernen braucht das Sprachzentrum im Gehirn vor allem eines: die Reize aus der Umwelt. Untersuchungen in Vorschul- und Grundschulklassen zeigen, dass für den Fortschritt beim Lesen die äußeren Umstände maßgeblich sind.[15] Das Klima in der Klasse, das Können der Lehrerin oder des Lehrers sind wichtiger als die Gene. Doch wenn es mit der Rechtschreibung eines Kindes nicht so klappt, schieben manche Eltern und Pädagogen die Schuld schnell auf die Biologie. Legasthenie und Dyslexie, heißt es, seien in hohem Maße erblich. Doch häufig liegt es am Umfeld: Ein Kind, das zu wenig Lesen und Schreiben übt, unterfordert seine Nervenzellen; im Sprachzentrum des Gehirns entstehen zu wenige synaptische Verschaltungen. Von außen mag das wie eine erbliche Dyslexie aussehen, in Wahrheit aber hat das Kind das Handicap erworben.

Ein Mathe-Gen aus Asien?

Wenn man sich die mathematischen Leistungen von Schulkindern im internationalen Vergleich anschaut, dann könnte man meinen, in Asien gäbe es so etwas wie ein Mathe-Gen. An der internationalen Vergleichsstudie Timss 2007 haben mehr als vierhunderttausend Schülerinnen und Schüler aus 60 Ländern teilgenommen. Die Ergebnisse für die achten Klassen geben einen guten Eindruck, wie die Mathekenntnisse auf der

Erde verteilt sind: Während westliche Industriestaaten im Mittelfeld landen, gibt es eine Spitzengruppe von fünf Ländern, die mit großem Abstand vor allen anderen rangieren: China (Taiwan), Südkorea, Singapur, Hongkong und Japan.

Die Dominanz der asiatischen Kinder und Jugendlichen kann man leicht erklären – sie arbeiten härter. Das liegt an ihrem kulturellen Hintergrund: Asiaten ist klar, dass Intelligenz formbar und das unweigerliche Ergebnis von kognitiver Anstrengung ist. In Deutschland dagegen schieben Eltern und Schüler schlechte Noten im Rechnen gerne auf die Gene und kokettieren damit, man sei nun mal mathematisch nicht sonderlich begabt.

Dabei beruht das Talent für Mathe auf dem Einsatz; asiatische Schüler geben nicht so schnell auf. Wenn sie eine schwierige Aufgabe bekommen, dann versuchen japanische Schüler wesentlich länger, eine Lösung zu finden, als etwa amerikanische Altersgenossen. Und wenn sie in einer Sache schlecht sind, dann fühlen sich asiatische Schüler dadurch angespornt und verstärken ihre Anstrengungen: In einer Studie ließen Psychologen Studenten aus Japan und Kanada an Tests arbeiten. Doch unabhängig davon, wie die Tests tatsächlich ausgegangen waren, sagten die Psychologen einem Teil der Probanden, sie hätten hervorragend abgeschnitten. Der andere Teil bekam zu hören, sie seien ganz schlecht gewesen. Dann stellten die Psychologen neue Aufgaben zur Verfügung und sagten den Studenten, es sei ihnen überlassen, wie lange sie daran arbeiten wollten. Die Reaktionen der Studenten ergaben einen bemerkenswerten kulturellen Unterschied. Diejenigen Kanadier, denen man nach den ersten Tests ein gutes Ergebnis mitgeteilt hatte, arbeiteten wesentlich länger an den zweiten Aufgaben als Landsleute, denen man beim ersten Test ein miserables Abschneiden bescheinigt hatte. Ganz anders verhielten sich die Japaner: Unter ihnen arbeiteten jene länger, die zuvor ein schlechtes Resultat bekommen hatten. Diese Hartnäckigkeit hat keine biologische Grundlage, vielmehr ist sie kulturell bedingt und wirkt auf die Biologie: Durch das vermehrte Pauken erhöhen asiatische Schüler die Leistungsfähigkeit ihrer Nervenzellen.

Zahlenangst wird eingeredet

Und wenn Schülerinnen und Schüler in Naturwissenschaften und Mathe getestet werden, dann fällt oft noch etwas auf: In der Grundschule sind Jungen und Mädchen zwar noch gleich gut, aber mit der Zeit erzielen Jungen bessere Ergebnisse als Mädchen. (Ich habe es in meiner Klasse nicht anders erlebt, die zur Hälfte aus Schülerinnen bestand. Jede von ihnen hatte in der 9. Stufe entweder in Physik oder in Mathe mindestens eine versetzungsgefährdende Note. Die Fächer wurden von Männern unterrichtet). Solche Unterschiede haben im Volk den Glauben verfestigt, Knaben wären von Natur aus besser in Mathe, Chemie und Physik – während die Mädchen »sprachbegabt« wären.

Doch in Wahrheit werden solche Unterschiede von der Kultur gleichsam eingeimpft. Lehrerinnen, die selbst Angst vor Mathe haben, geben dieses Unbehagen gegenüber Zahlen an ihre Schülerinnen weiter. Das haben Untersuchungen an US-Grundschulen gezeigt. Jene Mädchen, die das Klischee von ihrer Lehrerin übernahmen, rutschten daraufhin mit ihren Mathenoten ab und wurden schlechter als diejenigen Klassenkameradinnen, die nicht an das Klischee glaubten. Man mag es kaum glauben, aber die Auslöser der schlechten Noten waren die Lehrerinnen selbst: Sie setzen eine Prophezeiung in ihre Klasse, die sich zumindest für ihre leichtgläubigen Schülerinnen erfüllte.

Klischees zu angeborenen Fähigkeiten beeinflussen die Schülerleistung ganzer Länder. Das kam heraus, als Psychologen knapp 300 000 Menschen in 34 Ländern befragten, ob sie glaubten, Männer hätten mehr Talent für Mathe und Naturwissenschaften. Auf diese Weise konnten die Forscher ermitteln, wie stark das Klischee in einem jeweiligen Land verbreitet ist. Die Werte verglichen sie damit, wie die Mädchen und Jungen aus diesen 34 Ländern beim Leistungstest Timss in 2003 für die 8. Klasse abgeschnitten hatten. Das Ergebnis: Mädchen, in deren Heimatländern das Klischee von der weiblichen Minderbegabung besonders ausgeprägt war, blieben tatsächlich besonders weit hinter den Jungen aus ihrem Land zurück.

Wenn man weiß, wie stark das Klischee in einer gegebenen Gesellschaft verbreitet ist, dann kann man also umgekehrt vorhersagen, wie die Mädchen im Vergleich zu den Jungen abschneiden. Und daraus folgt: Wenn es gelingt, das Klischee zu überwinden, dann werden die Leistungsunterschiede zwischen den Geschlechtern verschwinden. Eine umfassende Studie aus den USA zeugt von einem erfreulichen Trend. Die Forscher haben die Mathearbeiten von mehr als sieben Millionen Schülerinnen und Schülern ausgewertet: Unterschiede zwischen den Geschlechtern waren nicht zu entdecken.[16]

Übung macht den Meister

Wie schlau die Kinder werden, bestimmen Eltern also weniger durch die genetische Mitgift als durch die Erziehung. Lesen, Schreiben, Reden, Rechnen und Bewegung – je stärker das Gehirn des Kindes stimuliert wird, desto besser kann es sein biologisches Potential ausschöpfen. Neben diesen naheliegenden Tipps – zu denen natürlich noch die Frage nach der richtigen Schule zählt – sollten Eltern ihren Kindern vermitteln, was in diesem Kapitel steht:

Die menschliche Intelligenz ist formbar. Wie schlau Hans später einmal sein wird, darüber entscheidet Hänschen ganz maßgeblich mit.

Loben ist enorm wichtig. Allerdings sollte man Kinder nicht für ihre Schlauheit loben. Die Kleinen wollen nämlich wieder gelobt werden und konzentrieren sich auf Dinge, die sie bereits beherrschen und in denen sie glänzen können. Schwierige, neue Aufgaben dagegen vermeiden sie. Beobachtet haben das die amerikanischen Psychologinnen Claudia Mueller und Carol Dweck, die Schülerinnen und Schüler aus der 5. Klasse untersucht haben.[17] In einem Experiment absolvierten die Kinder einen Test zur Kognition und wurden dafür ausdrücklich gelobt, allerdings mit einem feinen Unterschied: Die einen Kinder wurden für ihre Intelligenz gelobt, die anderen für ihre Anstrengung. Dann gaben die Forscher den Kindern neue Aufgaben zur Auswahl und sagten dazu: Die einen seien eher schwierig, die anderen eher leicht.

Von den Kindern, die zuvor für ihre Intelligenz gelobt worden waren, entschieden sich 66 Prozent für die leichten Aufgaben – sie wollten auf jeden Fall weiterhin als schlau gelten. Von den Kindern, die vorher ein Lob für ihre Arbeitsmoral eingeheimst hatten, wählten mehr als 90 Prozent die schwierigen Aufgaben – sie wollten weiterhin als lernwillig gelten.

Doch bevor sich die Kinder an diese nächsten Aufgaben machen konnten, schoben ihnen die Psychologinnen noch schnell ein paar andere Übungen zu. Diese waren aber viel schwerer als der Test zur Kognition zu Beginn, und die Kinder konnten nicht an die guten Leistungen anknüpfen. Nun fragten die Forscherinnen sie nach dem Grund für das schlechtere Abschneiden. Jene Schüler, die wegen ihrer Intelligenz gelobt worden waren, sagten eher, sie seien dazu nicht schlau genug. Zudem verloren sie die Lust, an den Tests teilzunehmen.

Die für die Arbeitsmoral gelobten Kinder dagegen meinten, sie hätten sich nicht genug angestrengt, und sie blieben motiviert. Schließlich gaben Claudia Mueller und Carol Dweck ihren Schützlingen abermals Aufgaben. Die anfangs für ihren Arbeitseinsatz gelobten Kinder lösten deutlich mehr dieser Aufgaben als ihre Klassenkameraden, die man für ihre Intelligenz gepriesen hatte.

III Der Körper

Kapitel 10
Krebs und der unterschätzte Einfluss
der Umwelt

Die Lehrerin Evelyn Heeg war 30 Jahre alt, als sie sich das gesunde Brustgewebe entfernen ließ – weil sie Angst hatte, an Brustkrebs zu erkranken. An dem Leiden waren ihre Mutter und drei Tanten gestorben. Die junge Frau aus Baden-Württemberg hat deshalb untersuchen lassen, ob ihr Risiko erhöht war. In ihrem Erbgut, das fanden Genetiker der Universität Köln heraus, trug sie eine auffällige Variante, eine mutierte Form des so genannten *brca1*-Gens.

Mehr und mehr Frauen entschließen sich zur prophylaktischen Mastektomie. Evelyn Heeg hat in ihrem Buch eindrucksvoll beschrieben, was dieser radikale Schnitt für betroffene Frauen bedeutet.[1] Sie schildert aber auch die Möglichkeiten der plastischen Chirurgie: Ihre Brüste wurden in der ursprünglichen Form rekonstruiert.

Die steigende Zahl dieser vorsorglichen Eingriffe, bei denen gesundes Gewebe entfernt wird, verfestigt in der Öffentlichkeit den Eindruck, Brustkrebs sei eine biologisch vorbestimmte Erkrankung. Jedoch sind die einschlägigen Brustkrebs-Gene – neben *brca1* gibt es noch *brca2* – recht selten und nur an fünf bis zehn Prozent aller Fälle von Brustkrebs beteiligt. Gleichwohl sehen viele Frauen Brustkrebs als Erblast an. Die kanadische Gesundheitsforscherin Kelly Metcalfe hat Frauen, die sich für eine Mastektomie entschieden hatten, befragt und war erstaunt[2]: Viele der operierten Frauen trugen gar keine mutierten *brca*-Gene und hatten ihr subjektives Risiko viel höher eingeschätzt, als es nach ärztlichem Ermessen und wissenschaftlichem Stand war.

An der Abteilung Molekulargenetische Epidemiologie des Krebsforschungszentrums Heidelberg verfügen die Mitarbeiter über die weltweit größte Datenbank zur Vererbung von Krebserkrankungen – und auch sie sahen sich bemüßigt, die Öffentlichkeit zu beruhigen: Die Menschen würden das familiäre Krebsrisiko oftmals überschätzen.[3]

Die Furcht vor einer genetischen Vorbelastung kommt nicht von ungefähr. Nach der Entdeckung von *brca1* und *brca2* hatten die Forscher rundheraus verkündet, Frauen mit einer mutierten Genvariante hätten im Allgemeinen eine Wahrscheinlichkeit von bis zu 85 Prozent, irgendwann bis zum siebzigsten Lebensjahr an Brustkrebs zu erkranken.[4] Von der Öffentlichkeit kaum bemerkt, haben Wissenschaftler diesen hohen Wert jedoch nach unten korrigieren müssen: Demnach liegt das entsprechende Risiko für Frauen mit dem *brca1*-Gen bei 65 Prozent und das für Frauen mit dem *brca2*-Gen bei nur noch 45 Prozent.[5] Des Weiteren sind diese Zahlen nur eingeschränkt bindend und mit einer großen Ungenauigkeit behaftet. Sie schwanken von Familie zu Familie, wie der Epidemiologe Colin Begg vom angesehenen Memorial Sloan-Kettering Cancer Center in New York herausgefunden hat.

Einerseits hat Begg Frauen untersucht, die ein mutiertes *brca*-Gen tragen und Mütter oder Schwestern haben, die an Brustkrebs erkrankt sind: Diese Gruppe von Frauen – in die auch Evelyn Heeg gehört – haben ein Risiko, das tatsächlich über 80 Prozent liegen kann. Auf der anderen Seite aber zeigte sich: Es gibt viele Frauen, die zwar ein *brca*-Gen tragen, aber keinen Brustkrebsfall in der Familie haben. Diese Frauen ha-

ben der Studie zufolge sogar ein niedrigeres Risiko als jene
40 Prozent, die bisher als Untergrenze galten. Und umgekehrt
entstehen die meisten Fälle von Brustkrebs, obwohl die jeweils
betroffenen Frauen gar keine Risikogene tragen. Die Bedeutung der *brca*-Gene haben die Forscher in vielen Fällen also
überschätzt und in ihren Berechnungen andere Faktoren nicht
ausreichend beachtet: Rauchen, Bewegungsmangel, falsche
Ernährung, Hormone und andere Einwirkungen aus der Umwelt haben einen größeren Einfluss auf Brustkrebs als die
Gene.

Jagd nach Phantomen

Diese Erkenntnis steht im Widerspruch zum populär gewor-
denen Verständnis, Krebs sei zuvorderst eine genetische Erkrankung, zumal da kaum eine Woche vergeht, in der Hoch-
schulen und Forschungseinrichtungen nicht die Entdeckung
eines »neuen Krebsgens« vermelden. Hinter den vielen Fun-
den stehen statistische Berechnungen und biologische Zusammenhänge, die auf den ersten Blick durchaus einleuchten.
Ein Beispiel dafür sind vermeintliche Risikogene, die im gesunden Zustand für die Reparatur unserer Erbanlagen wichtig
sind. Wenn nun diese Reperatur-Gene durch eine Mutation
ausfallen, dann können sie ihre Aufgabe nicht mehr erfüllen:
In der Zelle häufen sich die Schäden am Erbgut. Die Zelle kann
dadurch die Kontrolle über ihr Wachstum verlieren und zu
einer bösartigen Geschwulst wuchern. Mehr als 200 Studien
haben Forscher mittlerweile veröffentlicht, in denen mutierte
Reparaturgene als Krebsauslöser dargestellt werden.

Diese Datenlage scheint eindeutig, aber einige Wissenschaftler waren dennoch skeptisch. Zu ihnen gehören der bereits

erwähnte Epidemiologe John Ioannidis sowie Gesundheitsforscher aus Australien, England und Italien. Gemeinsam haben sie die betreffende Literatur gelesen und bewertet:[6] Von 241 Studien entpuppte sich der größte Teil schnell als Zahlenmüll. Immerhin 31 Arbeiten schienen wissenschaftlichen Ansprüchen zu genügen; diese Arbeiten bezogen sich auf 16 verschiedene Gene. Die betreffenden Studien unterzogen die Gesundheitsforscher einer Analyse und rechneten nach: Die meisten der behaupteten Zusammenhänge lösten sich in Luft auf, teilten die Mediziner im angesehenen *Journal of the National Cancer Institute* mit. Am Ende blieben gerade zwei genetische Varianten als »statistisch signifikant« übrig, was allerdings noch nichts darüber aussagt, ob sie eine klinische Bedeutung haben. Die Sache mit genetischer Variation und der Verbindung zu Erkrankungen wie Krebs möge ja durchaus spannend sein, sagt Ioannidis. Und dann fügt er hinzu: »Aber die Allgemeinheit sollte sich vor dem Rückschluss hüten, man wäre dem Untergang geweiht, weil man eine Änderung in dem einen oder anderen Gen hat.«

Steuergelder in Millionenhöhe haben die Bürger in Deutschland und in anderen Industrienationen Forschern in den vergangenen Jahren zur Verfügung gestellt, damit diese herausfinden, welche Abschnitte im Erbgut verwundbar machen für Krebs. Die Wissenschaftler sind gut vorangekommen und haben einen gewaltigen Datenberg zusammengetragen – allerdings zeigt die Auswertung dieser Zahlen: Die Genjäger spürten offenbar Phantomen nach. Von den Sonderfällen wie den Genen *brca1* und *brca2* abgesehen, haben die Forscher nämlich keine Krebsgene entdeckt. Die viel beschworene genetische Anfälligkeit für Krebs gibt es so nicht. Das Ergebnis ist vielen Forschern eher peinlich; einige jedoch sprechen es in Fachaufsätzen offen an. Die Biomathematiker Stuart Baker vom US-amerikanischen National Cancer Institute in Bethesda (Maryland) und Jaakko Kaprio von der Universität Helsinki etwa haben über die verzweifelte Suche nach Krebsgenen ein klares Urteil gefällt: »Die neuere Forschung legt nahe, dass diese Gene wahrscheinlich gar nicht existieren oder, wenn sie es denn doch tun, dass sie wahrscheinlich keinen nennenswerten Einfluss auf die Häufigkeit von Krebs haben.«[7]

Aufschlussreich sind auch Untersuchungen an Tausenden von Zwillingspaaren in Finnland, Schweden und Dänemark. Forscher haben die Krebsraten von eineiigen und zweieiigen Zwillingen statistisch ausgewertet und geschaut, inwiefern die Erkrankungen vererbt werden. Wird der eine Zwilling krank, wenn der andere schon an einer Krebserkrankung leidet? Im Falle einer unausweichlichen Erblast ergäbe sich ein Anteil der Genetik von 100 Prozent. Doch davon kann keine Rede sein: Für Prostatakrebs lag der Wert noch am höchsten, bei 42 Prozent; für Brustkrebs bei 27 Prozent. Im renommierten *New England Journal of Medicine* sehen die betreffenden Zwillingsforscher angesichts dieser Zahlen keinen Grund für biologischen Fatalismus. Ganz im Gegenteil, sie schreiben: »Geerbte genetische Faktoren tragen nur geringfügig zur Anfälligkeit für die meisten Tumorarten bei. Die Ergebnisse zeigen, dass die Umwelt die Hauptrolle spielt«.[8]

Der Wohnort als Krebsauslöser

Gegen eine biologisch vorgezeichnete Verwundbarkeit für Krebs sprechen auch Studien unter Einwanderern. Beispiel Brustkrebs: Die Erkrankungsrate lag in den Vereinigten Staaten von Amerika historisch gesehen vier bis sieben Mal höher als in China und in Japan. Doch wenn Frauen aus diesen Ländern oder von den Philippinen in die USA einwandern, dann verliert sich dieser Schutz.[9] Die Rate an Brustkrebs unter ihnen und unter ihren Töchtern und Enkeltöchtern steigt auf das Niveau der Amerikanerinnen europäischer Abkunft. Asiatische Amerikanerinnen (Asian Americans), die in den Vereinigten Staaten auf die Welt gekommen sind, tragen ein 60 Prozent höheres Risiko für Brustkrebs als asiatische Amerikanerinnen, die noch in Asien geboren wurden. Frauen, die bereits ein Jahrzehnt oder länger in den Vereinigten Staaten leben, haben wiederum eine 80 Prozent höhere Wahrscheinlichkeit für Brustkrebs als Frauen, die erst kürzlich aus Asien eingewandert sind.

Beispiel Prostatakrebs: In Asien lebende Männer erkranken zehnmal seltener daran als Amerikaner mit europäischen Vorfahren. Doch einmal in die USA eingewandert, verschwindet dieser Schutz innerhalb nur einer Generation. Das spricht gegen eine genetische Veranlagung, weil sich die Erbanlagen in einer derart kurzen Zeit gar nicht ändern können.

Die steigenden Krebsraten gehen auf den Wohnort und den damit verbundenen Lebensstil zurück. In den USA ist letzterer viel stärker als andernorts geprägt von übermäßiger Kalorienzufuhr und mangelnder körperlicher Bewegung. Nicht vor Krebsgenen sollten wir uns fürchten – eher vor Gesellschaften, deren Lebensstil Krebs förderlich ist.

Krebs als Folge von Wohlstand

Auf kaum eine Lebensweise könnte der Begriff Krebsgesellschaft besser zu treffen als auf jene in den industrialisierten Gesellschaften des Westens. Wir haben uns hier eine Welt geschaffen, in die wir aus Sicht der Evolutionsmedizin denkbar schlecht hineinpassen. Diese Unstimmigkeit spüren wir an unseren Rückenschmerzen, Depressionen und Allergien; besonders deutlich schlägt sie sich auch in den Krebsstatistiken nieder. Gerade was Tumorerkrankungen angeht, hat sich der Mensch offenbar einen Tick zu weit entwickelt. Forscher haben Tausende von Affen obduziert – und nur in ein bis zwei Prozent der Fälle Krebsgeschwülste entdeckt. Homo sapiens dagegen ist für Krebs anfällig wie keine zweite biologische Art. Bei jedem dritten heute lebenden Menschen werden Ärzte eines Tages einen Tumor diagnostizieren.

Die Wohlstandsmenschen sind besonders gefährdet: Nur 19 Prozent der Weltbevölkerung leben in einem entwickelten Land, aber 46 Prozent aller neuen Krebserkrankungen brechen hier aus. Etwa jede zehnte Frau erkrankt im Laufe ihres Lebens an Brustkrebs. Auch das geht auf die moderne Umwelt zurück: Im Unterschied zu fast allen Tierarten hängt der Zyklus der Menschenfrau von äußeren Umständen ab. Leidet sie – wie in der Steinzeit – an Hunger oder ist sie körperlich stark verausgabt, produziert sie weniger Geschlechtshormone. Der Eisprung findet nicht statt. Leistungssportlerinnen kennen das: Ihre Blutung bleibt schon mal aus. In der prähistorischen Zeit hat dieser Mechanismus verhindert, Kinder in Notzeiten in die Welt zu setzen. Und wenn sich ausreichend Nahrung fand, waren Frauen in der Steinzeit vermutlich die meiste Zeit schwanger oder sie haben gestillt. Aus all diesen Gründen produzierten sie deutlich weniger Östrogene als heute lebende Frauen und hatten insgesamt vermutlich auch nur 160 Regelblutungen – was gut für ihr Risiko war. Fälle von Brustkrebs dürften damals kaum vorgekommen sein.

Ganz anders im Überfluss der Industriegesellschaft: Es mangelt an nichts, das weibliche Fortpflanzungsprogramm läuft auf vollen Touren. Die Frauen kommen früher in die Pubertät, sind aber seltener schwanger, stillen früh ab – und können zeitlebens auf 450 Regelblutungen kommen. Deshalb zirkulieren bis zur Menopause im Körper fast ständig Östrogene – und die erhöhen das Krebsrisiko.

Einer, der das kritisch betrachtet, ist Mel Greaves vom Institute for Cancer Research in London. Der Krebsexperte beschäftigt sich mit dem Einfluß der heutigen Lebensweise auf Tumorerkrankungen. Seine Vermutung lautet: Aufgrund von Wohlstand, Emanzipation und Verhütung hätten Frauen »eine reproduktive Lebensweise angenommen, an die sie aus historischer und genetischer Sicht schlecht angepasst sind«.[10] Das habe sich erstmals vor 300 Jahren unter enthaltsamen und wohlgenährten Nonnen in Italien gezeigt. Der Arzt Bernadino Ramazzini wunderte sich damals, dass kaum ein Kloster zu finden ist, in dem kein Krebs vorkommt.

Doch Frauen nun als Krebsvorsorge das Kinderkriegen zu verordnen, das fordert ernsthaft kein Mediziner. Umgekehrt aber erscheint es umso unverantwortlicher, dass manche Frauenärzte die Belastung durch Hormone noch künstlich erhöhen. Die von ihnen propagierte Hormonersatztherapie lässt das Brustkrebsrisiko deutlich steigen, wie Studien an Tausenden von Frauen offenbart haben. Gleichwohl empfehlen Gynäkologen nach wie vor die Einnahme von Östrogen-Präparaten.

Ähnlich wie die weibliche Brust, so leidet auch die männliche Vorsteherdrüse am Überfluss der westlichen Welt. Das Organ wird von Testosteron geflutet, damit es allzeit Sekret vorhält, das sich mit den Spermien vermischt. Von Rüden einmal abgesehen, hat kein Säugetiermännchen auf Erden eine ähnlich große Vorsteherdrüse – und keines erkrankt so häufig am Prostatakrebs. Neben dem Testosteron könnte auch Sex in späten Jahren das Risiko erhöhen, spekuliert der Londoner

Mel Greaves. Männer seien vermutlich auf »dauernde sexuelle Aktivität« gepolt – aber eigentlich nur bis zum in der Steinzeit üblichen Ende des Fortpflanzungsalters. Geschlechtsverkehr im Alter von mehr als 50 Jahren sei »biologisch gesehen ein exotisches Verhalten, wenn auch sehr verbreitet« in modernen Gesellschaften.

Sollten ältere Männern aus reiner Vorsorge enthaltsam leben? So weit will Mel Greaves, ein 1941 geborener Großvater, dann nicht gehen. Aber seine Betrachtungen zum evolutionären Hintergrund von Krebserkrankungen schärfen den Blick auf bisher unterschätzte Ursachen. Die gerade in den Industriestaaten besonders stark steigenden Krebsraten hängen unmittelbar zusammen mit den Umwelteinflüssen der modernen Welt. Rund 90 Prozent der Krebserkrankungen in den Gesellschaften der industrialisierten Staaten gehen auf Umweltfaktoren zurück.

Den Einfluss der Umwelt auf Krebserkrankungen haben die Mediziner lange Zeit mit Mutationen im Erbgut erklärt. Wenn Chemikalien aus dem Tabakrauch, energiereiche Strahlen und andere krebsauslösende Faktoren auf eine Zelle einwirken, dann kann das zu Mutationen im Zellkern führen: Der genetische Code wird an einer ungünstigen Stelle mutiert, also dauerhaft verändert. Dadurch verliert die betroffene Zelle die Kontrolle über ihr Wachstum. Sie vermehrt sich ungebremst, wobei die Mutation auf die Tochterzellen weitergegeben wird. Aus einer einzigen mutierten Zelle kann auf diese Weise eine bösartige Geschwulst heranwachsen.

In der Regel kann der Tumor auf zwei Arten entstehen. Im ersten Fall wird durch die Mutationen ein Gen und damit ein Protein aktiviert, das ein unkontrolliertes Wachstum der Zelle bewirkt. Von diesen sogenannten Onkogenen haben Wissenschaftler inzwischen mehr als hundert Stück entdeckt. Die Bezeichnung Onkogene (»Krebsgene«) ist, wie so viele Begriffe in der Molekularbiologie, irreführend, weil die betreffenden Gene in ihrer unversehrten Form wichtige Aufgaben in der Zelle erfüllen.

Zweitens kann es sein, dass durch die Mutationen ein Gen zerstört wird, das normalerweise das Wachstum der Zelle kontrolliert. Durch den Ausfall verliert die Zelle die Kontrolle über ihr Wachstum und beginnt damit, sich ungehemmt zu teilen. Das betreffende Gen gilt als Tumor-Suppressor-Gen, da es im unversehrten Zustand Vorgänge in der Zelle steuert, welche die Zellteilung unterdrücken. Von den Tumor-Suppressor-Genen haben Forscher mehr als 30 Stück aufgespürt.

Tumor G0288 lüftet das Geheimnis

Die Entdeckung dieser Mutationen wie auch größerer krankhafter Veränderungen an den Chromosomen von Krebszellen hat entscheidend dazu beigetragen, dass Mediziner Tumorerkrankungen so lange als genetische Erkrankungen angesehen haben. Aber das ist nur ein Teil der Wahrheit. Denn in so gut wie jedem Tumor haben Forscher inzwischen eine weitere Art von Veränderungen entdeckt, eine, die über der DNA-Sequenz liegt: Veränderungen der epigenetischen Steuerung. In Abgrenzung zur klassischen Mutation (welche die DNA-Sequenz verändert) sprechen Mediziner von einer »Epi-Mutation«. Diese betrifft also nicht die Abfolge der DNA-Bausteine, sondern die Ebene darüber: die Steuerung der Gene.

Dieser neue Blick auf Krebserkrankungen ist ein Produkt mühseliger Grundlagenforschung. In einem Experiment hatten Wissenschaftler genetisches Material aus 103 Tumoren des Menschen, unter ihnen gutartige Gewächse und mörderische

Metastasen, entnommen und es mit der Hochleistungsflüssigkeitschromatographie (HPLC) untersucht. Im Vergleich zu gesundem Gewebe fand sich in den Krebsgeweben ein auffällig geringer Anteil von 5-Methyl-Cytosin. Dieser Verlust an Methylierung war umso stärker ausgeprägt, je bösartiger die betreffende Gewebeprobe war. Das deutete auf einen noch unbekannten Mechanismus: Liegt es mitunter allein an der epigenetischen Steuerung, ob ein Tumor entsteht oder nicht?

Im Institut für Genetik im Universitätsklinikum Essen arbeitete damals ein junger Biochemiker, der die Berichte über die merkwürdige Methylierung gefesselt verfolgte und sich dazu entschloss, das Rätsel zu lösen. Er hieß Bernhard Horsthemke (der auch das Prader-Willi-Syndrom erforscht), baute damals gerade sein Labor auf und ging die Frage gleich mit seiner ersten Doktorandin, Valerie Greger, an. Die beiden brauchten nicht lange zu überlegen, an welchem Krebsleiden sie die Rolle der Epigenetik erforschen wollten. Das Essener Klinikum war seinerzeit (und ist es bis heute) führend in der Erforschung des so genannten Retinoblastoms, eines bösartigen Tumors der Netzhaut. Damals war Folgendes bekannt: Ein Tumor-Suppressor-Gen hängt mit dem Retinoblastom zusammen. Wenn beide Kopien (die von der Mutter und die vom Vater) des besagten Gens ausfallen, dann entwickelt der betroffene Mensch in früher Kindheit ein Retinoblastom, das unbehandelt zum Tode führt. Das Tumor-Suppressor-Gen entfaltet seine unheilvolle Wirkung also nur, wenn es ausfällt.

Im Gespräch erinnert sich Bernard Horsthemke zurück, wie ihm unweigerlich Ideen für Experimente einfielen. Er sagte sich damals: »Okay, es könnte doch sein, dass das Gen durch verstärkte Methylierung stillgelegt wird.«

Über das Zentrum für Augenheilkunde des Universitätsklinikums Essen erhielten Greger und Horsthemke das Ausgangsmaterial für ihr Vorhaben: frisches Tumorgewebe von 21 Kindern mit Retinoblastom. Eine der Proben nannten sie »Tumor G0288«; sie stammt von einem zwei Jahre alten Jungen. Der Kleine war auf einem Auge erkrankt und der Einzige aus seiner Familie mit Retinoblastom.

Doktorarbeiten in der Molekularbiologie können sich vier, fünf und auch schon mal sechs Jahre hinziehen. Valerie Greger jedoch kam schnell voran und hatte schon nach wenigen Monaten die Proben gründlich gemustert. In 20 der 21 Proben fand sie aber nicht das Gesuchte: Die betreffenden Menschen erkrankten, weil das Tumor-Suppressor-Gen auf klassische Weise mutiert war. Übrig blieb allein die Probe des kleinen Jungen, »Tumor G0288«. Die Sequenz des Tumor-Suppressor-Gens war nicht mutiert – doch dafür fanden sich auffällig viele Methylgruppen an der Erbanlage. Diese Methylierung hatte das Tumor-Suppressor-Gen abgeschaltet, so dass es den Ausbruch eines Retinoblastoms nicht länger unterdrücken konnte. Diese Entdeckung erschien wie eine Sensation: Epigenetische Signale können Krebserkrankungen auslösen.

Euphorisch reichten Valerie Greger und Bernhard Horsthemke ihr Ergebnis bei führenden Wissenschaftsjournalen wie *Nature* und *Cell* zur Veröffentlichung ein – deren Redakteure den Abdruck jedoch verweigerten. Die Befunde wären langweilig und ohne Belang. Doch schließlich erkannte das Journal *Human Genetics* die Bedeutung der Arbeit und räumte den Forschern aus Essen vier Seiten ein.[11]

Die Episode ist bezeichnend für die Erforschung der Epigenetik. Ihre überraschenden Befunde kommen selbst für viele in der Fachwelt zu früh. In der Onkologie indessen wird sie nicht mehr unterschätzt, vielmehr haben Wissenschaftler in der Methylierung einen Schlüsselmechanismus der Krebsentstehung erkannt: Diese kann Tumor-Suppressor-Gene ausschalten und auf diese Weise bösartige Geschwülste entstehen lassen.

Aber auch der umgekehrte Fall, ein Mangel an Methylierung, ist an vielen Krebserkrankungen beteiligt. Die Analyse von Tumormaterial hat das beispielsweise für Krebserkrankungen des Magens, des Darms, der Bauchspeicheldrüse, des Gebärmutterhalses und der Lungen und Nieren ergeben. »Die Methylierung bei Krebs ist eindeutig ein Beispiel für epigenetische Fehlregulation, wobei sowohl die Über-Methylierung« als auch die Unter-Methylierung Schlüsselrollen spielen«, urteilt Andrew Feinberg von der Johns Hopkins University School of Medicine im amerikanischen Baltimore.[12] Eindrücklich zeigen dies Untersuchungen an Proben von Menschen mit Wilms-Tumor, einer Krebserkrankung der Nieren. Ärzte haben Proben aus ein und denselben Patienten untersucht. Einige Stellen im Erbgut waren übermethyliert, andere dagegen untermethyliert.

Erreger und Schadstoffe verändern die Epigenetik

Auch Krebszellen haben also ein Gedächtnis, das durch die Umwelt geprägt werden kann. Faktoren aus der Umwelt wirken über epigenetische Mechanismen auf den Zellkern und verändern die Steuerung der Gene. Das schält sich auch bei Tumoren heraus, die durch Infektionen mit Viren und Mikroorganismen entstehen. Bestimmte Typen von humanen Papillomviren etwa verursachen Gebärmutterhalskrebs. Die Winzlinge nisten sich in den Zellen der Schleimhaut ein und schalten in den Zellkernen bestimmte Gene aus – was zur Folge hat, dass die Zellen der Schleimhaut die Kontrolle über ihr Wachstum verlieren. Dazu setzen humane Papillomviren vom Typ 16 epigenetische Signale ein, haben Forscher des Deutschen Krebsforschungszentrums Heidelberg herausgefunden:[13] Auf diese Weise wird das Gen für Interferon-kappa ausgeschaltet, einen zentralen Botenstoff des Immunsystems. Weil dieser Botenstoff nun fehlt, kann die Körperabwehr die eindringenden Viren sowie von ihnen bereits infizierte Schleimhautzellen nicht mehr erfolgreich beseitigen.

Das Bakterium Helicobacter pylori ist ein weiteres Beispiel. Der säurefeste Keim lebt im Magen des Menschen und löst in einigen seiner Wirte Magenkrebs aus. Forscher haben die Magenschleimhaut von infizierten Menschen untersucht und Folgendes gefunden: War das Erbgut der Schleimhautzellen besonders stark methyliert, dann war die Wahrscheinlichkeit für Magenkrebs auffällig erhöht. Es ist, als ob die Methylierung dem Tumorleiden den Boden bereitet. Wenn man die Magenkeime mit Arzneimitteln bekämpft, nimmt das Ausmaß der Methylierung merklich ab. Allerdings bleibt es höher als bei Vergleichspersonen, die sich noch niemals mit Helicobacter angesteckt hatten. Alles in allem sind Viren und andere Erreger an schätzungsweise zwanzig Prozent sämtlicher Krebserkrankungen beteiligt. Offensichtlich bilden epigenetische Mechanismen die Brücke zwischen Infektion und Tumor.

Über diese Brücke wirken auch Umweltgifte auf die Zellen unseres Körpers: Das chemische Element Cadmium etwa behindert die Aktivität von Methyltransferasen, also von jenen Enzymen, die Methylgruppen auf das Erbmaterial übertragen können. Arsen hat in Experimenten an Mäusen zu einer auffällig verringerten Methylierung geführt. Zu diesen epigenetischen Karzinogenen gehört auch der wohl bedeutendste Krebsauslöser: der Qualm von Zigaretten. Japanische Forscher haben Proben aus Tumoren der Speiseröhre untersucht und bei fünf untersuchten Genen folgenden Zusammenhang festgestellt: Je länger ein Patient in seinem Leben geraucht hatte, desto stärker war die Methylierung der Gene verändert.[14] Der Konsum von Bier, Wein und Schnaps und das allgemeine Ernährungsverhalten haben offenbar ebenfalls Auswirkungen auf die Methylierung. Alkohol scheint ein für die Methylierung zuständiges Enzym zu hemmen.

Und Menschen, die große Mengen der essentiellen Aminosäure Methionin mit der Nahrung aufnehmen – sie ist u. a. in Paranüssen, Sesam, rohem Lachs und Eiern enthalten –, erkranken offenbar seltener an Dickdarmkrebs.[15] Methionin erhöht das Ausmaß der Methylierung, was bei dieser Erkrankung von Vorteil ist. Unter Menschen mit kolorektalen Tumoren haben Forscher eine verringerte Methylierung festgestellt. Das alles passt zu den Ergebnissen von Studien an Nagetieren: Wenn es in deren Futter an der Aminosäure Methionin mangelt, dann erkranken die Tiere an Lebertumoren.

Schließlich hinterlässt auch das Alter unverkennbar seine Spuren. Je mehr Lebensjahre ein Mensch absolviert hat, desto höher liegt seine Wahrscheinlichkeit, an Krebs zu erkranken. Einerseits sammeln sich mit der Zeit die Mutationen im Erbgut an, andererseits nagt der Zahn der Zeit auch an den epigenetischen Mustern. Wenn eine Zelle entartet und zu einem Tumor wird, dann scheinen beide Sorten von Mutationen zusammenzukommen, sagen Jean-Pierre Issa und Hagop Kantarjian vom University of Texas M. D. Anderson Cancer Center in Houston. Nach allem, was man wisse, trügen »alle bösartigen Tumoren eine Melange aus genetischen und epigenetischen Schäden, und es wurden keine vollkommen genetischen oder vollkommen epigenetischen Geschwülste gefunden«.[16]

Saat des Bösen

Der griechische Held Herakles mühte sich redlich. Die Hydra war aber nicht zu besiegen. Schlug er dem neunköpfigen Ungeheuer ein Haupt ab, so wuchsen sogleich zwei neue nach. Krebskranke Menschen und deren Ärzte haben es häufig mit einem ähnlichen Feind zu tun. Mit Strahlen und Arzneimitteln können sie einen Tumor zwar bekämpfen, so dass er schrumpft und sogar gänzlich zu verschwinden scheint. Dann jedoch, nach Monaten oder Jahren und wie aus dem Nichts, wuchert eine neue Geschwulst heran: Die ähnelt der alten verblüffend – ist aber noch gefährlicher. Lange haben Wissenschaftler gerätselt, aus welchem Reservoir diese Tumoren nachwachsen. Mittlerweile glauben Onkologen, den Ursprung des Bösen erkannt zu haben: Im Körper eines krebskranken Menschen gibt es offenbar ein winzig kleines Reservoir von besonders wehrhaften Krebszellen. Nicht nur, dass diese Zellen den gängigen Therapieversuchen widerstehen. Wie aus einer Saat können aus ihnen eines Tages neue Tumoren und Tochtergeschwülste (Metastasen) hervorgehen. Diese Zellen werden Krebsstammzellen genannt, denn sie haben Eigenschaften, wie sie zuvor nur von Stammzellen bekannt waren: Sie sind praktisch unsterblich, tragen ganz bestimmte Proteine auf ihren Oberflächen und können zu unterschiedlichen Typen von Zellen heranreifen. So wie eine Herzstammzelle alle Zellen hervorbringen kann, aus denen ein Herz besteht, so kann eine Krebsstammzelle sämtliche Zellen entstehen lassen, die sich in einem Tumor finden.

Doch wie nur entstehen solche Krebsstammzellen?

Aufschlussreiche Experimente zu dieser Frage hat die Gruppe um Frank Rosenbauer vom Max-Delbrück-Centrum für Molekulare Medizin in Berlin gemacht.[17] Zunächst ging es um Stammzellen im Blut. Aus ihnen bilden sich immer wieder sämtliche Arten von Blutzellen des Körpers. Unklar war jedoch, wie die Blutstammzellen dieses Potential erhalten und wie sie verhindern, dass sie in der Zellteilung selbst zu gewöhnlichen Blutzellen heranreifen. Offenbar gibt die Sprache der Epigenetik die entscheidenden Anweisungen, fanden die Forscher heraus: Nur wenn ein bestimmtes Enzym bei einer Zellteilung das Methylierungsmuster auf die Tochterzellen überträgt, bleibt das Potential zur Selbsterneuerung erhalten. Mäuse, in denen das dafür zuständige Enzym (mit der Abkürzung Dnmt1) ausgeschaltet ist, leiden unter einer gestörten Funktion der Stammzellen und sind nicht lebensfähig.

Bei Krebsstammzellen im Blut sind offenbar ebenfalls epigenetische Anweisungen beteiligt. Das Dnmt1-Enzym ist in ihnen aktiv und verleiht den Zellen das Potential zum Wachstum. In dem Maße, in dem die Methylierung in diesen Zellen nach unten geregelt ist, können sich die Krebsstammzellen nur noch eingeschränkt erneuern.

Diese und andere nicht minder erstaunlichen Erkenntnisse führen zu einem neuen Verständnis, was in einer Zelle geschieht, wenn diese zu einer Krebszelle wird. Dem Mediziner Andrew Feinberg zufolge bilden epigenetische Mechanismen den Auftakt für viele Krebserkrankungen.[18] Im ersten Schritt verändern sie Zellen in einem Organ oder Gewebe. Auf diese Weise entstehen Krebs-Vorläuferzellen. Nun kann es zum zweiten Schritt kommen. Eine klassische Mutation auf einem Gen verwandelt die Krebs-Vorläuferzellen in eine Geschwulst. Drittens schließlich machen sowohl genetische als auch epigenetische Veränderungen die jungen Krebszellen noch gefährlicher: Nunmehr bilden sie ein Reservoir von Krebskeimlingen, die sich ungehemmt teilen.

Mit Königinnen gegen den Krebs

Der Molekularbiologe Frank Lyko hat einen ungewöhnlichen Posten in seinem Etat. Auf 400-Euro-Basis hat er einen Imker eingestellt, der ihn mit Bienenlarven versorgt. Mit einem Löffelchen holt er die Larven aus dem Stock und bringt sie in Lykos Labor im Deutschen Krebsforschungszentrum Heidelberg. Bei einer Temperatur von 34 Grad Celsius und 80 Prozent Luftfeuchtigkeit werden sie dort liebevoll gesäubert und gefüttert. Zur Kost gehört Gelée royale, jener geheimnisvolle Cocktail, der über die Zukunft der Bienen entscheidet. Wer damit gepäppelt wird, kann zu einer stolzen Königin heranreifen. Bei den Heidelberger Molekularbiologen klappe das allerdings noch nicht recht, berichtet Lyko und seufzt: »Unsere Königinnen legen keine Eier im Labor.«

Im Bienenstock entfaltet das Gelée royale seine wundersame Macht, indem es das epigenetische Muster der Erbanlagen gezielt verändert. Aus genetisch identischen Klonen entstehen Wesen, die vollkommen unterschiedlich aussehen: hier die prächtige Königin, da die sterile Arbeiterin.

Mit ihren Bienen-Versuchen wollen Lyko und seine Kollegen herausfinden, welche chemischen Bestandteile aus dem Drüsensekret der Ammenbiene es eigentlich sind, welche die Verwandlung bewirken. Im nächsten Schritt würden sie eben diese Bestandteile dann gerne für einen anderen Zweck verwenden – als neuartiges Mittel gegen Krebs.

Umprogrammieren statt töten

Die tragende Rolle der Epigenetik bei Krebserkrankungen eröffnet Onkologen eine einzigartige Perspektive. Sie suchen nach Wirkstoffen, mit denen sie die epigenetischen Veränderungen in den Tumorzellen rückgängig machen können. In der klassischen Chemotherapie werden die Zellen getötet – in der epigenetischen Therapie dagegen sollen sie dereinst umprogrammiert werden.

Tatsächlich gibt es solche Substanzen, Forscher in Kalifornien haben das vor einiger Zeit aus reinem Zufall entdeckt:[19] In Experimenten wollten sie herausfinden, was eigentlich passiert, wenn verschiedene Chemikalien auf embryonale Stammzellen der Maus einwirken. Irgendwann kam die Substanz Azacytidin, die ähnlich aufgebaut ist wie der DNA-Baustein Cytosin, an die Reihe. Nach ein paar Tagen deutete alles auf einen Fehlschlag hin: In der Kulturschale mit den Zellen entstand eine seltsame Masse, offenbar hatte ein Schimmelpilz die Probe verdorben.

Die Forscher schauten ihn sich jedoch genauer an und entdeckten: Bei dem vermeintlichen Schimmel handelte es sich in Wahrheit um Muskelgewebe. Unwissentlich hatten die Forscher die epigenetische Steuerung der embryonalen Stammzellen verändert. Anstelle des üblichen DNA-Bausteins Cytosin bauten die Zellen das ähnlich strukturierte Azacytidin in ihre Erbanlagen ein. Der Austausch der Chemikalien machte einen großen Unterschied: Das Azacytidin hemmte bestimmte Enzyme, die fürs Methylieren zuständig sind, und veränderte so die Steuerung der Gene: Aus diesem Grund verwandelten sich die in der Kulturschale befindlichen Stammzellen, und zwar in Zellen von Muskelgewebe. Zumindest in Laborversuchen geschieht Ähnliches, wenn man das Azacytidin auf

Tumorgewebe einwirken lässt: Krebszellen der Maus werden zu gewöhnlichen Körperzellen.

Das Azacytidin ist inzwischen als Medikament zugelassen und wird bei Menschen eingesetzt, die am so genannten Myelodysplastischen Syndrom leiden. Bei diesem Blutkrebs, aus dem sich nach etwa einem Jahr eine tödliche Leukämie entwickeln kann, scheint die Substanz noch am besten zu wirken und gilt inzwischen als Therapiestandard. Nicht zuletzt wegen des neuartigen Wirkprinzips hoffen Ärzte, die Substanz könnte Vorreiter für eine neue Klasse von Medikamenten werden. Mitarbeiter von Pharmafirmen suchen bereits nach Krebsmitteln, die auf die epigenetische Steuerung einwirken.

Die bisherigen Ergebnisse mit Azacytidin jedoch erscheinen eher durchwachsen. Zwar zeigt die Substanz vereinzelt gute Wirkungen und kann das Leben in einigen Fällen um Monate verlängern; von Heilung kann jedoch keine Rede sein.[20] Wie so oft in der Onkologie liegt es an den vertrackten Details: In einem Tumorgewebe können einige Gene zu stark und andere zur gleichen Zeit zu schwach methyliert sein. Wie soll ein Medikament in das komplexe System gezielt eingreifen können? Ein Einsatz von Medikamenten, welche die Methylierung verringern, könnte sogar Onkogene anschalten und die Erkrankung schlimmer machen.

Heilen mit Bewegung

Eine Möglichkeit, die Gene auf eine natürliche und sanfte Art zu steuern, hat Melinda Irwin von der Yale School of Medicine entdeckt. Die Epidemiologin hat die Krankengeschichten von 933 Frauen analysiert, die an Brustkrebs erkrankt waren.[21] Wie war es den Frauen ergangen? Wie hatten sie ihr Leben gestaltet? Indem sie die Daten über einen Zeitraum von zehn Jahren auswertete, hat Melinda Irwin einen bemerkenswerten Zusammenhang entdeckt: Frauen, die nach der Diagnose mit körperlicher Aktivität begannen, lebten merklich länger als körperlich träge Patientinnen. Der gute Effekt stellte sich bereits ein, wenn die Frauen jede Woche einige Stunden flott spazieren gingen. Eine Studie von der Harvard Medical School kommt zum gleichen Ergebnis: Wenn Frauen nach der Diagnose Brustkrebs sich regelmäßig körperlich bewegen, dann werden sie mit einem verlängerten Leben belohnt.

Menschen mit der Diagnose Darmkrebs können die Heilkraft der Bewegung ebenfalls für sich arbeiten lassen. Hier haben Ärzte des renommierten Dana-Farber Cancer Institute im amerikanischen Boston wegweisende Studien vorgelegt. In der einen ging es um 823 Männer, die im frühen oder leicht fortgeschrittenen Stadium an Dickdarmkrebs erkrankt waren. Sie ließen sich operieren und chemotherapeutisch behandeln und gaben den Ärzten sechs Monate nach der Behandlung Auskunft, ob und wie häufig sie sich körperlich bewegten. Einige von ihnen gingen regelmäßig spazieren (an sechs Tagen der Woche jeweils eine Stunde lang) – und hatten merklich bessere Verläufe als die körperlich trägen Patienten. Für Frauen mit Dickdarmkrebs gilt das ebenso, wie eine weitere Studie ergeben hat. 574 Patientinnen wurden ebenfalls nach Abschluss der Behandlung gefragt, wie häufig sie sich körperlich ertüchtigt hatten. Ihre Überlebensrate war statistisch gesehen um etwa 50 Prozent erhöht.[22]

Das Prinzip Heilen mit Bewegung beruht auf physiologischen Veränderungen in unseren Zellen, die der Wirkweise eines bewährten Medikaments ähneln. Die körperliche Ertüchtigung wirkt bis in die Zellkerne und kann dort abträgliche Gene ausschalten und günstige Gene anschalten. Eine zentrale Rolle spielt offenbar das Gen *igfbp*-3. Das Gen stellt ein Protein her, das wie eine Krebsbremse wirkt. Es blockiert einen Wachstumsfaktor, der die Tumorgefahr erhöht. Australische Forscher haben von 443 Männern mit Dickdarmkrebs den Spiegel des IGFBP-3-Proteins im Blut bestimmt, sie gefragt, wie häufig sie sich denn bewegen, und den jeweiligen Verlauf der Erkrankung etwas länger als fünfeinhalb Jahre nachverfolgt. Für die körperlich aktiven Menschen ergaben sich höhere IGFBP-3-Werte – und diese waren mit einer um 48 Prozent verringerten Wahrscheinlichkeit verbunden, am Dickdarmkrebs zu sterben.[23]

Haben krebskranke Menschen neben der körperlichen Bewegung noch eine weitere Möglichkeit, ihre Gene und damit den Verlauf der Erkrankung günstig zu beeinflussen? Auch hier haben Ärzte des Dana-Farber Cancer Institute in Boston Pionierarbeit geleistet.[24] Mehr als 1000 Patienten haben sie untersucht, deren Dickdarmkrebs chirurgisch und chemotherapeutisch behandelt wurde. Einige Wochen später wollten die Ärzte von den Patienten wissen, was sie denn so alles essen. Zwei Ernährungsmuster schälten sich heraus: Die einen Patienten ernährten sich von Obst und Gemüse, von Geflügel und Fisch. Die anderen dagegen verzehrten große Mengen an rotem Fleisch, Süßigkeiten, raffiniertem Getreide und frittierten Kartoffeln, also eine typisch westliche Ernährung (Western diet). Anschließend haben die Forscher Einflussgrößen wie Alter, Geschlecht, Körpergewicht, Stadium der Krebserkrankung und Ausmaß der körperlichen Bewegung hinausgerechnet – und haben so einen machtvollen Faktor gefunden: Die jeweilige Ernährungsweise hat erkennbar Spuren im Körper der krebskranken Studienteilnehmer hinterlassen. Unter jenen Menschen, die eine typisch westliche Ernährung hatten, brach der Dickdarmkrebs dreieinhalb Mal häufiger wieder aus.

Auch die Ernährungsweise kann die Schalter an unseren Genen verändern. Die bisher eindrücklichste Studie zum Lebensstil und dazu, wie er auf die Erbanlagen krebskranker Menschen wirkt, kommt von Ärzten von der University of California in San Francisco.[25] Sie untersuchten 30 Männer, die im Frühstadium an Krebs der Vorsteherdrüse (Prostata) erkrankt waren und es vorzogen, auf die konventionellen Behandlungsmethoden mit Chirurgie und Bestrahlung zu verzichten. Die Ärzte stanzten den Männern kleine Gewebeproben aus der Prostata – und verordneten ihnen danach ein entspanntes Leben: Jeden Tag gingen die Patienten an der frischen Luft 30 Minuten spazieren, sie meditierten ein Stündchen und erfreuten sich an einer Kost voller Früchte und Obst und Körner, die angereichert war mit Soja, Fischöl, Vitamine C und Vitamin E sowie dem Spurenelement Selen.

Drei Monate währte diese Kur, dann entnahmen die Ärzte ihren Schützlingen abermals kleine Gewebeproben aus den Vorsteherdrüsen und verglichen sie mit den alten Proben. Der neue Lebensstil hatte die Aktivität von mehr als 500 Genen verändert: Gene, die mit Erkrankungen des Herzens, Entzündungen und Krebs zusammenhängen, waren nach unten reguliert. Und Gene, die günstig für die Gesundheit sind, waren stärker aktiv. Die Details stehen in der angesehenen Fachzeitschrift *Proceedings of the National Academy of Sciences*: Onkogene aus der sogenannten ras-Familie waren abgeschaltet; das Tumor-Suppressor-Gen *sfrp* dagegen war angeschaltet. Diese Daten sind ein weiteres wissenschaftliches Argument gegen den genetischen Nihilismus. Unser Erbgut lässt uns einen Spielraum. Regelmäßige Bewegung, ausgewogene Ernährung und seelische Entspannung helfen den Genen, uns gesund zu machen.

Kapitel 11
Zuckergesund ohne Medikamente

Wie ein böser Fluch schien das tödliche Leiden über der Familie Erdmann aus Duisburg zu liegen. Jahrzehntelang haben der Vater und die Mutter unter der Erkrankung gelitten und sind schließlich daran gestorben. Ihre Tochter Elisabeth erwischt es ebenfalls. Als sie im Alter von 48 Jahren zum Arzt geht, ist das Leiden bereits überraschend weit fortgeschritten. Elisabeth ist von Beruf Krankenschwester und kennt sich mit Biologie aus. Die Diagnose nimmt sie mit Fatalismus auf. Das musste ja so kommen, denkt Elisabeth: »War ja klar, dass ich das auch kriege. Ist ja genetisch.« Nach der Diagnose ändert sie deshalb nichts. Ungeachtet ihrer Erkrankung geht sie in den folgenden Jahren einfach nicht zum Arzt.

Typ-2-Diabetes mellitus heißt die Krankheit, und wer die Meldungen darüber verfolgt, der kann – wie Elisabeth Erdmann – leicht den Eindruck gewinnen, das Leiden werde einem in die Wiege gelegt. »Diabetes-Gen entdeckt«, hieß es, als eine internationale Forschergruppe einen verdächtigen Abschnitt auf dem Chromosom Nummer 2, ein Gen namens *calpain-10* aufspürte. Wenig später gaben sich Pharmakologen der Technischen Universität Braunschweig als Entdecker von Diabetes-Genen zu erkennen. Sie wollen eine Genvariante entdeckt haben, die etwa 15 Prozent aller Fälle von Typ-2-Diabetes mellitus verursacht. Die Pharmakologen hätten »den derzeit wichtigsten genetischen Risikofaktor für jene Erkrankung entschlüsselt, die schon heute als eines der drängendsten medizinischen Probleme des 21. Jahrhunderts gilt«, posaunen es die Mitarbeiter der Pressestelle der Technischen Universität Braunschweig hinaus.[1]

Das klingt seltsam vertraut, vermelden Forscher doch mit schöner Regelmäßigkeit die Entdeckung von nun wirklich besonders wichtigen Diabetes-Genen. Mitarbeiter des großen internationalen Forschungskonsortiums Magic (für: Meta-Analyses of Glucose and Insulin-Related Traits Consortium) wollen auf einen Streich gleich neun Abschnitte im Erbgut dingfest gemacht haben, die für den Blutzuckerspiegel und Diabetes eine Rolle spielen. Wissenschaftler der isländischen Firma deCode Genetics dagegen heben das *tcf7l2*-Gen (für: *transcription factor 7-like* 2) auf dem Chromosom 10 hervor und bieten einen entsprechenden Gentest an. Wenn das genetische Risiko bekannt sei, so verspricht das Unternehmen, dann »könnte es möglich sein, Maßnahmen zu ergreifen, um die Wahrscheinlichkeit des individuellen Diabetes-Ausbruchs zu verringern oder zu minimieren«.[2]

Zählt man die ganzen Meldungen, dann sind inzwischen rund zwanzig Gene zusammengekommen, die einen angeblich verwundbar für die Krankheit machen.

Entsprechend kolportieren es Broschüren und Beiträge. »Diabetes Typ 2: Erkrankungsrisiko durch Vererbung hoch«, informiert eine Krankenkasse ihre Mitglieder.[3] Und eine überregionale Zeitung erklärt auf einer Sonderseite zu Medizin und Gesundheit über Typ-2-Diabetes mellitus kurz und bündig: »Die Neigung, diesen Diabetes zu bekommen, wird vererbt.«[4]

Der Mythos vom gierigen Gen

Die Bedeutung der Gene wird noch stärker herausgestrichen durch jene Schauergeschichten, die Wissenschaftler von verschiedenen Naturvölkern aus Amerika, Asien und Australien berichten. Die Stämme und Gruppen dieser Völker seien vom Aussterben bedroht. Die Indianer Amerikas, die Maoris Neuseelands oder etwa die Aborigines Australiens – es könne gut sein, warnt Paul Zimmet vom International Diabetes Institut der Monash University in Australien, dass diese indigenen Völker nicht überleben werden.

Besonders arg betroffen sind demnach die etwa 13 000 Einwohner auf Nauru, einer entlegenen Insel im westlichen Pazifik, die Polynesier und Melanesier in prähistorischer Zeit besiedelt haben. Vermutlich kamen etliche der Menschen damals gar nicht freiwillig auf das Eiland, sondern wurden als Schiffbrüchige hierher verschlagen. Die Menschen richteten sich ein und betrieben auf dem kargen Inselboden Ackerbau und fingen Fische im Meer. Nauru wurde 1888 von Deutschland annektiert, 1914 von Australien besetzt und erlangte 1968 die Unabhängigkeit. Nach der Unabhängigkeit flossen die Einkünfte aus dem Abbau der Phospatvorkommen den Inselbewohnern zu – und auf einmal zählten sie vorübergehend zu den reichsten Menschen auf dem Erdenrund.[5] Das ist nicht ohne Folgen geblieben: Die Bewohner des Zwergstaates gehören zu den fettleibigsten Menschen überhaupt. Nach Erhebungen der Weltgesundheitsorganisation (WHO) haben knapp 79 Prozent der Frauen starkes Übergewicht und mehr als 83 Prozent der Männer.[6] Der erste Fall von Typ-2-Diabetes mellitus wurde erst 1925 notiert, mittlerweile sind etwa 40 bis 45 Prozent der Einwohner betroffen.

Diese ungewöhnlich hohe Erkrankungsrate der Nauruer

erklären Medizinethnologen und Biologen gerne mit der »thrifty-gene-Hypothese«, die auf den Genetiker James V. Neel (1915–2000) zurückgeht. Neel zufolge haben bestimmte Menschen »thrifty genes«, die man auch als gierige Gene bezeichnen könnte: Die Träger dieser Gene könnten Nahrungsmittel besonders gründlich verwerten und besonders schnell in Form von Fettspeichern anlegen. In prähistorischen Zeiten waren gierige Gene demnach vorteilhaft fürs Überleben und die Fortpflanzung, weil die Versorgung mit Nahrung damals unsicher war. Zeiten des Überflusses wechselten sich ab mit Hungersnöten.

Die gierigen Gene fänden sich besonders häufig unter den Mitgliedern indigener Völker, sagt Paul Zimmet vom International Diabetes Institute in Melbourne, weil deren Vorfahren bis vor wenigen Jahrzehnten noch wie Jäger und Sammler lebten. Zimmet hat unter anderem Melanesier, Mikronesier, Polynesier und Kreolen untersucht und gibt düstere Prophezeiungen von sich: Im heutigen Überfluss seien Ureinwohner zum Krankwerden verdammt. Es gebe auch ein wunderbares Tiermodell dafür, fährt er fort und erzählt die Geschichte von der Fetten Sandratte (Psammomys obesus): Die braunen Nagetiere sind perfekt an das Leben in den Wüsten Nordafrikas, Israels und Arabiens angepasst, wo sie sich von Salzmelde und anderen Salzpflanzen ernähren.

Da die Sandratten gesellig und zutraulich sind, werden sie in Deutschland und andernorts als Haustiere gehalten. Allerdings bekommt der Sandratte das Leben in Saus und Braus gar nicht. »Wenn man sie in einem Labor hält und ihr westliches Rattenfutter verabreicht, dann wird sie fettleibig und bekommt Typ-2-Diabetes«, sagt Zimmet.[7] Das Schicksal der Sandratte sieht er als Gleichnis für die Ureinwohner auf Nauru und für die Mitglieder anderer Naturvölker.

Am Anfang merkt man nichts

Der Typ-2-Diabetes mellitus beginnt schleichend, die Betroffenen fühlen sich häufig völlig gesund. Doch der Körper verliert allmählich die Fähigkeit, Zucker zeitgerecht zu verwerten. Eigentlich soll das von der Bauchspeicheldrüse (Pankreas) hergestellte Hormon Insulin den Zellen des Körpers signalisieren, Traubenzucker (Glukose) aus dem Blut zu entziehen. Doch reagieren die Zellen immer weniger auf dieses Signal und werden schließlich resistent gegen Insulin. Die Konzentration des Blutzuckers ist dauerhaft erhöht, was zu vielfältigen Schäden führt. Diabetiker mittleren Alters haben eine um fünf bis zehn Jahre verkürzte Lebenserwartung, wobei sie zumeist an den Spätfolgen des Leidens sterben. Der viele Zucker kann die Niere schädigen und das Organ zerstören. Fünfzig Prozent der Menschen, die auf die maschinelle Blutwäsche (Dialyse) angewiesen sind, leiden unter Typ-2-Diabetes mellitus. Jeder zweite dieser Dialysepatienten stirbt innerhalb von drei Jahren. Auch die Augen leiden unter dem Zucker: Allein in Deutschland erblinden jedes Jahr schätzungsweise 8000 Menschen, weil ihre Netzhaut zerstört wurde. Schrecklich sind auch die Auswirkungen auf die motorischen und sensiblen Nerven im Körper, an denen der viele Zucker gleichsam nagt. Jahr für Jahr müssen schätzungsweise 30 000 Menschen in Deutschland die Zehen, Füße, Unter- oder Oberschenkel amputiert werden.

Krank durch Cola

Hinter diesen Zahlen stehen Schicksale, die nicht nur für die Betroffenen selbst quälend sind. Auch ihre Angehörigen sind belastet, weil die Betreuung der behinderten Patienten aufwendig ist. Die Solidargemeinschaft der Krankenversicherten schließlich muss wegen der Diabetes-Epidemie immer höhere Lasten tragen.

In einem fensterlosen Raum im Sana Krankenhaus Gerresheim in Düsseldorf treffe ich den pensionierten Autoverkäufer Hans-Ulrich Ebert. Er liegt auf einer Liege, neben sich einen Rollstuhl. Seine Frau hat ihn mit dem Auto gebracht und muss sich auch sonst die ganze Zeit kümmern.

Ist der 70 Jahre alte Mann Opfer einer genetischen Erkrankung geworden?

Ebert selbst bezweifelt das und erzählt, wie sein körperlicher Niedergang anfing. Er war vor drei Jahrzehnten im heißen Florida in Urlaub und fand das amerikanische Bier, mit dem er seinen Durst löschen wollte, derart ungenießbar, dass er auf koffeinhaltige Limonade umstieg, und zwar literweise. »Mit der Firma Coca-Cola war ich fortan verheiratet«, erzählt er. Der stete Konsum des zuckerhaltigen Getränks führte im Laufe der Jahre zu einem deutlich erhöhten Blutzuckerspiegel – aber Ebert spürte davon gar nichts und hatte schon gedacht, er könne den Spätfolgen entrinnen. Umso härter aber schlug die Erkrankung vor zwölf Monaten zu: Ebert erleidet einen Schlaganfall, und bei der Notversorgung im Krankenhaus stellt sich heraus: Das linke Bein wird kaum mehr mit Blut versorgt, weil die Arterien verkalkt und krankhaft verengt sind. Der Mann hat hochgradig Zucker.

Ärzte legen Herrn Ebert chirurgische Bypässe, aber die Operationswunden verheilen äußerst schlecht – auch dies ist eine Folge seiner diabetischen Erkrankung. Das linke Bein entzündet sich und muss unterhalb des Knies amputiert werden. Damit nicht genug: Auch auf der rechten Seite kommt es zu Komplikationen: Die Haut an seinem Fuß ist wie Pergament, und es bildet sich eine Wunde, die sich nicht mehr verschließen will. Leider war auch hier eine Amputation unumgänglich: Dort wo eigentlich die große Zehe sein sollte, klafft jetzt ein kreisrundes Loch. Dank der aufwendigen Pflege ist es dem Arzt Stephan Martin, der hier im Sana Krankenhaus das Westdeutsche Diabetes- und Gesundheitszentrum leitet, in den zurückliegenden Wochen gelungen, die Wunde zu verkleinern. Vielleicht gelingt es ja, das rechte Bein zu retten – in seiner heutigen Lage wäre das für Herrn Ebert schon ein Erfolg.

20 000 Euro und mehr kann die medizinische Versorgung eines Typ-2-Diabetikers pro Jahr kosten, was sich angesichts der immer zahlreicher werdenden Fälle auf Ausgaben in Millionenhöhe addiert und die Beiträge der Krankenversicherung in die Höhe treibt. Rund um den Typ-2-Diabetes mellitus ist in Deutschland und in anderen Industriestaaten ein einträglicher Industriezweig entstanden. Mit Pillen und Insulinspritzen wird an den Symptomen des Leidens herumgedoktert. Und dereinst möchten Ärzte einschneidend gegen die Volksseuche vorgehen: In klinischen Studien verkleinern Chirurgen betroffenen Menschen operativ den Magen, damit in denselbigen nicht mehr so viel Nahrung hineinpasst. Durch diesen Einschnitt soll der krankhaft erhöhte Zuckerspiegel im Blut wieder nach unten gehen.[8]

Genetische Diskriminierung

Dieser Griff zum Skalpell ist nur der jüngste Beleg dafür, wie sehr unsere Gesellschaft den Typ-2-Diabetes mellitus inzwischen als biologisch programmierte Krankheit sieht, die es mit rein pharmakologischen und chirurgischen Maßnahmen zu reparieren gilt. Dabei haben kritische Forscher in jüngster Zeit eine gegenläufige Erkenntnis gewonnen: Die vielbeschworene genetische Anfälligkeit für Typ-2-Diabetes mellitus gibt es so gar nicht. Seit Jahrzehnten suchen westliche Forscher im Blut von Indianern, Insulanern und Mitgliedern anderer indigener Gruppen nach den sagenumwobenen Giergenen – und finden nichts. Die Hypothese muss als biologistisch-koloniales Gedankengut gelten, weil sie der wissenschaftlichen Grundlage entbehrt. Der australische Gesundheitsforscher Yin Paradies und zwei Medizinethnologen aus den USA konstatieren in einem Aufsatz, es gebe »keine konsistenten Beweise dafür, dass Minderheiten genetisch gesehen besonders anfällig sind«.[9]

Nicht nur, dass Genetiker die vermeintlichen »thrifty genes« trotz aufwendiger Erbgutanalysen unter Mitgliedern von Naturvölkern schlechtweg nicht finden konnten. Auch eine andere Grundannahme hat sich als falsch erwiesen. So hieß es immer, im Vergleich zu Indianern und Insulanern seien Europäer sowie Australier und US-Amerikaner europäischer Abkunft gegen Typ-2-Diabetes mellitus genetisch geschützt. Doch die dramatisch steigenden Zahlen in den westlichen Gesellschaften zeigen, wie irrig diese Annahme ist. Vor dem Zweiten Weltkrieg war ein Mensch mit Typ-2-Diabetes mellitus in Deutschland eine medizinische Kuriosität; nur 0,4 Prozent der Einwohner hatten »Alterszucker«, wie es damals noch hieß. Heute haben vermutlich 12 Prozent der Einwohner Deutschlands das Leiden: etwa zehn Millionen Menschen. Die Gene können diese rapide Zunahme nicht erklären. Das Gleichnis mit der fetten Sandratte trifft zu, allerdings nicht nur auf irgendwelche Eingeborenen, sondern auf alle Menschen.

Zum Laufen geboren

Nur wenige Wissenschaftler auf der Welt beschäftigen sich so gründlich mit dem Körper des Menschen wie Daniel Lieberman, Professor an der Harvard University. Überall in seinem Labor liegen Knochen und Schädel herum, in der Ecke steht das Skelett eines Frühmenschen. An diesem Tag bauen Lieberman und seine Studenten ein Laufband auf: Darauf sollen später gesunde Probanden rennen, und Lieberman will ihren Bewegungsablauf mit einer Filmkamera dokumentieren. In anderen Studien vergleicht Lieberman den Knochenbau von Menschen mit jenem von Schimpansen und Neandertalern, immer mit dem Ziel, herauszufinden, welche evolutionären Mechanismen es eigentlich waren, die den Körper des Menschen so geformt haben, wie er geworden ist.

In der modernen Zeit klagen wir über Plattfüße und Rückenschmerzen, aber in seinen Studien hat Lieberman nachgewiesen, dass der Mensch eigentlich ein geborener Läufer ist. Das sehe man dem Körper noch heute an: Wegen der nackten Haut und der Schweißdrüsen überhitzen wir beim Dauerlauf nicht; ein besonderes Nackenband, das Ligamentum nuchae, erlaubt es uns, den Kopf beim Laufen nach vorne zu halten; anders als die anderen Affen haben wir einen gewaltigen Gesäßmuskel, den Musculus glutaeus, der unabdingbar ist für die Biomechanik des Laufens.[10] Ihr läuferisches Können hat unsere Vorfahren in prähistorischen Zeiten zu einer besonderen Form der Jagd befähigt. Stundenlang hetzten Fred Feuerstein und seine Freunde Antilopen und andere Tiere durch die Savanne, ehe diese überhitzt zusammenbrachen und eine leichte Beute waren.

Zuckerkrank waren diese ausdauernden Jäger bestimmt nicht, sagt Lieberman, als er seine umfangreiche Schädelsammlung zeigt und durch sein Labor führt. Es sei nicht redlich, wenn Biomediziner die evolutionäre Geschichte des Menschen einfach ausblendeten, sagt Lieberman. Er wiegt einen Schädel in der Hand und fügt hinzu:

»Ständig lese ich diese Geschichten über die genetische Grundlage aller möglichen Krankheiten. Es würden immer mehr Gene entdeckt, die einen für Typ-2-Diabetes mellitus prädisponieren, und in den Zeitungen, aber auch in den Wissenschaftsmagazinen steht dann: Diabetes ist genetisch. Aber das ist natürlich Blödsinn. Die betreffenden Gene mögen zwar einen Effekt haben, aber sie haben ihn eben nur unter ganz bestimmten Umweltbedingungen. Diese Gene sind in der Evolution nicht aussortiert worden, weil wir ja erst seit kurzer Zeit in dieser Gesellschaft leben, in der wir uneingeschränkten Zugriff auf Kalorien haben und uns nicht mehr körperlich bewegen müssen. Da läuft eine Desinformation in der Presse ab – dabei ich bin mir sicher, dass die beteiligten Genetiker natürlich ganz genau wissen, dass vor hundert Jahren so gut wie niemand Typ-2-Diabetes mellitus hatte.«[11]

Warum wir zuckerkrank werden

Die sich ausbreitende Epidemie der Zuckerkrankheit zeigt vor allem Eines: Der moderne Menschen hat sich selbst eine Welt geschaffen, in die er evolutionsmedizinisch gesehen nicht sonderlich passt. So können nur aktive Muskeln dem Blut Traubenzucker (Glukose) entziehen – in der Steinzeit mit ihrer notorisch unzuverlässigen Nahrungsmittelversorgung war das von Vorteil, wenn es mal wieder nichts zu essen gab. Sobald ein Mensch ruhte, verbrauchten die Muskeln keinen Zucker mehr, die Ressourcen wurden gespart. Wenn man aber Schokolade und Gummibärchen futternd vor dem Fernseher sitzt, dann bedeutet dies: Die passiven Muskeln können keinen Zucker aus dem Blut fischen; der Glukosespiegel ist dauerhaft erhöht und ruiniert mit der Zeit die Gesundheit.

Dieses Steinzeitprogramm gilt für alle Menschen. Die unterschiedlichen Diabetesraten in Deutschland und Nauru gehen also mitnichten auf genetische Unterschiede zurück, sondern sie sind den Einflüssen durch die Umwelt geschuldet. Wenn Ureinwohner häufiger erkranken, dann zeigt das nur, dass die Lebensumstände in ihren Reservaten besonders ungesund sind. »Es sind die Aspekte der sozialen Umwelt, die für die hohen Diabetesraten unter indigenen Menschen verantwortlich sind«, sagt der Gesundheitsforscher Yin Paradies aus Australien. »Schlechte Nahrung, verminderte körperliche Aktivität, Stress, niedriges Geburtsgewicht und andere Faktoren der Armut tragen zu der hohen Diabetesrate von indigenen Menschen bei.«

Der westliche Forschereifer, das Diabetes-Risiko in den Genen suchen zu müssen, ist nicht nur fruchtlos, sondern lenkt auch von den wahren Ursachen ab. Die Fixierung auf Gene trägt nicht dazu bei, die krank machenden Lebensbedingungen indigener Menschen zu verbessern.

Gentests ohne Nutzen

Die teure Suche nach vermeintlichen Diabetes-Genen rechtfertigen die betreffenden Molekularbiologen und Mediziner gerne mit der Floskel: Je mehr wir über die Krankheit wissen, desto besser können wir diejenigen Menschen schützen, die besonders anfällig sind. Die betroffenen Menschen könnten frühzeitig gegensteuern und sich selbst viel Leid und Schmer-

zen ersparen sowie der Solidargemeinschaft die hohen Be-
handlungskosten. Das klingt einleuchtend – aber stimmt es?
Verschiedene Forschergruppen sind der Frage nachgegangen –
und haben Erstaunliches herausgefunden:

Der Internist James Meigs vom Massachusetts General
Hospital in Boston hat eingelagertes Genmaterial von Menschen untersucht, die an der berühmten Gesundheitsstudie in
der Kleinstadt Framingham (US-Bundesstaat Massachusetts)
teilgenommen haben und dazu vor 28 Jahren Blutproben ab-
gegeben hatten.[12] Es ging um 2377 Teilnehmer; von denen
255 im Laufe der Jahre an Typ-2-Diabetes mellitus erkrankten. Aus den Blutproben dieser Patienten isolierten Meigs und
seine Kollegen das genetische Material und suchten gezielt
nach 18 bestimmten Genvarianten. Diese waren zuvor in genomweiten Assoziationsstudien als angebliche Risiko-Gene
beschrieben worden. Jede einzelne dieser Genvarianten er-
höhe das Risiko für Typ-2-Diabetes mellitus »signifikant«. Für
jeden der 255 Diabetes-Patienten untersuchten die Forscher
nun, welche dieser Genvarianten sie jeweils trugen. Dann fragten sie: Inwiefern hätte man anhand dieser Gene eigentlich
den Ausbruch der Erkrankung vorhersagen können? Dazu
verglichen Meigs und seine Kollegen das jeweilige Ergebnis des
Gentests mit jener Prognose, die sich aus den klassischen Faktoren wie Körpergewicht, Blutfettwerte oder etwa Blutzuckerwert ergibt.

Das Ergebnis: Das Wissen um das genetische Profil erhöht
die Aussagekraft so gut wie überhaupt nicht (der betreffende
Wert der so genannten C-Statistik geht von 0,900 auf 0,901).
Man kann das Diabetes-Risiko getrost auch weiterhin anhand
der klassischen Risikofaktoren ermitteln. Das zusätzliche Testen der Gene ist teure Überdiagnostik, die keinen zusätzlichen
Nutzen bringt und die man sich schenken kann. Weil die

Kenntnis der Genvarianten die Prognose nicht verbessert, ist sie »klinisch ohne Bedeutung«.[13]

Unabhängig von der Gruppe um James Meigs sind Forscher aus Deutschland zum gleichen Ergebnis gekommen. Hans-Georg Joost vom Deutschen Institut für Ernährungsforschung Potsdam Rehbrücke untersuchte mit seinen Kollegen die Blutproben von 579 Menschen, die an der Potsdamer Epic-Studie teilgenommen haben. Diese wurde 1992 begonnen und hat zum Ziel, etwaige Zusammenhänge zwischen der Ernährung und Typ-2-Diabetes mellitus, Krebs und anderen Erkrankungen zu erkennen. Zu Beginn der Studie waren die betreffenden 579 Teilnehmer noch gesund, sie sind aber im Laufe von etwa sieben Jahren an einem Typ-2-Diabetes mellitus erkrankt.[14] In ihrem Blut ermittelten die Forscher nun acht klassische Messgrößen wie Blutzucker-Spiegel, HbA1c-Wert sowie die Werte der Blutfette und Leberenzyme. Zum anderen analysierten sie zwanzig bekannte »Diabetes-Gene«.

Das Ergebnis hier: Die Kenntnis des genetischen Profils verbessert die Vorhersagekraft mitnichten. »Nach unserer Studie haben die klassischen Risikofaktoren wie Alter, Übergewicht, Ernährung und Lebensstil bereits einen so großen Einfluss, dass der Informationsgewinn hinsichtlich des Diabetes-Risikos durch die derzeit bekannten genetischen Marker verschwindend gering ist«, sagt Hans-Georg Joost.

Die vorstehenden Ergebnisse sind in zweifacher Hinsicht aufschlussreich. Einmal, die postulierten Diabetes-Gene gibt es so gar nicht; die biologischen Grundlagen der Zuckerkrankheit sind viel komplizierter als ursprünglich gedacht. Zweitens stehen die Erbanlagen, die gemeinhin als »Diabetes-Gene« bezeichnet werden, für die biochemischen Kreisläufe, die natürlicherweise eine Rolle spielen, wenn unsere Zellen Zucker verwerten. Diese Erbanlagen mögen von Mensch zu Mensch geringfügig variieren. Aber sie verdammen keinen zum Typ-2-Diabetes mellitus und verleihen umgekehrt auch keinen absoluten Schutz dagegen. Es ist der Lebenswandel, der darüber entscheidet, wer gesund bleibt und wer zuckerkrank wird.

Denkfehler der Pharmakologen

Während viele Mediziner davon ausgingen, den Typ-2-Diabetes mellitus durch immer weiter reichende pharmakologische (und zugleich lukrative) Therapien behandeln zu können, bezeichnen kritische Ärzte dies als einen Irrweg. Im Fachblatt *Diabetes Metabolism Research and Reviews* haben es die Experten Steve Stannard und Nathan Johnson auf den Punkt gebracht: »Die Anstrengungen, einen pharmakologischen oder molekularen Sieg über die Diabetes-Epidemie zu erringen, beruhen auf einem Denkfehler.«[15] Auch Mitarbeiter der Harvard School of Public Health fühlen sich inzwischen bemüßigt, die falsche öffentliche Wahrnehmung der Erkrankung zu korrigieren. »Während die Forschung in einem beachtlichen Ausmaß mögliche genetische Ursachen von Typ-2-untersucht«, so sei doch »bereits viel darüber bekannt, wie man die meisten Fälle vermeidet«.[16] Diese Aussage bezieht sich auf eine besonders umfassende Studie zur Frage, warum der eine eigentlich an Diabetes erkrankt, der andere aber verschont bleibt.[17]

Zehn Jahre lang haben die Gesundheitsforscher der Harvard Medical School nachverfolgt, wie es mehr als 4800 Frauen und Männern im Alter von 65 Jahren und älter gesundheitlich erging. Jedes Jahr wurden die Probandinnen und Probanden ärztlich untersucht. Die Forscher haben sie gewogen und mit dem Maßband ihren Bauchumfang gemessen, und Frauen und Männer gaben Auskunft, wie viele Zigaretten und Alkohol sie konsumierten, welche Nahrung sie zu sich nahmen und wie häufig sie sich körperlich bewegten.

Im Laufe der zehn Jahre erkrankten mehr als 300 der Studienteilnehmer an Typ-2-Diabetes mellitus, und dank der kontinuierlich erhobenen Daten konnten die Forscher herausfinden, warum es gerade diese Menschen getroffen hatte. Fünf Faktoren haben sich herausgeschält: mangelnde körperliche Bewegung, Zigaretten rauchen, unausgewogene Ernährung, übermäßiger Fettanteil am Körper, und allzu starker Alkoholkonsum waren jeweils mit einem erhöhten Risiko verbunden. Allerdings muss niemand zum Salat- und Körnerfresser werden und auf Alkohol verzichten, um dem Typ-2-Diabetes mellitus zu entgehen. Denn kleine Veränderungen des Lebensstils führen der Studie zufolge bereits zu großen Zugewinnen an Gesundheit. Moderater Alkoholkonsum (nicht mehr als zwei Getränke am Tag) ist durchaus mit einer gesunden Lebensführung zu vereinen. Und auch Übergewicht fällt der Studie zufolge gar nicht so sehr ins Gewicht. Denn ganz gleich, ob dick oder dünn: Solange Menschen sich vernünftig ernähren und sich regelmäßig körperlich bewegen, können sie sich merklich gegen Diabetes schützen.

Glotze ist schlimmer als Gene

Als junger Arzt hat Stephan Martin einst in einem Forschungslabor der Harvard Medical School gearbeitet – und dabei gelernt, sich nicht von Verheißungen der Biomedizin blenden lassen. »Die genetischen Faktoren von Typ-2-Diabetes sind hochgespielt worden. Es ist fast ein Skandal, dass wir Millionen für die molekulare Grundlagenforschung ausgeben«, sagt der Professor, der das Westdeutsche Diabetes-

und Gesundheitszentrum im Sana Krankenhaus in Düsseldorf-Gerresheim leitet. »Je länger ich als Arzt tätig bin, desto klarer wird mir: Wir müssen endlich umsetzen, was wir eigentlich schon wissen.«

In seiner Sprechstunde erfährt man, was er damit meint: Seine Patienten versucht Martin möglichst ohne Medikamente zu kurieren. Zu diesem Ansatz gehören ausführliche Gespräche und Informationen zu den wahren Ursachen der Erkrankung. »Nicht Gene sind schuld, sondern die Glotze«, sagt Martin und verweist auf einen frappierenden Zusammenhang: Je mehr Stunden ein Mensch vor dem Fernsehgerät sitzt, desto größer ist dessen Diabetes-Risiko. In einer Studie[18] mit mehr als 50 000 Frauen, die sechs Jahre lang beobachtet wurden, kam zum Beispiel heraus: Für jede zwei Stunden, die man am Tag vor dem Fernseher verbringt, steigt das Diabetes-Risiko um 14 Prozent. Zum körperlichen Nichtstun vor der Mattscheibe gesellt sich der Verzehr von Süßigkeiten, Kartoffelchips und anderen Snacks. Vor einem krank machenden »Fernsehsyndrom« warnt Stephan Martin: Hier sollte »die öffentliche Verantwortung angemahnt werden, auf diese Zusammenhänge hinzuweisen, was in der aktuellen sehr fernsehfixierten Medienlandschaft sicher schwer zu realisieren ist«.[19]

Doch in seiner Sprechstunde kann Stephan Martin erstaunliche Erfolge verbuchen. Zu seinen Patienten gehört beispielsweise Manfred Neumann, ein 55 Jahre alter Schuldirektor in Düsseldorf. »Ich habe mich« immer gesund gefühlt«, sagt er und erzählt, wie verdattert er war, als der Arzt vor einigen Monaten einen dramatisch erhöhten Blutzuckerwert (von 260, normal wären 90 bis 110 Milligramm pro Deziliter) feststellte. Bei dieser Diagnose wollen etliche Patienten den einfachen Weg gehen – und fragen Professor Martin, ob er ihnen nicht einfach Insulin verschreiben kann. Ganz anders hat Herr Neu-

mann reagiert. »Auf keinen Fall wollte ich mir Insulin spritzen. Ich möchte nicht von fremd zugeführten Stoffen abhängig sein«, sagt er. »Die Diagnose habe ich als Aufforderung
genommen: Es muss sich etwas ändern.«

Der erste Schritt zur Heilung war die Einsicht. Manfred
Neumann hat sich keinen Illusionen hingegeben, woher seine
Erkrankung rührt. Abgesehen von ein bisschen Tennis hatte
er sich in vergangenen Jahren immer weniger bewegt. In
der rechten Schublade seines Direktorenschreibtischs hatte er
stets einen Vorrat an Lakritze, Gummibärchen und Pralinen,
an dem er sich bediente, wenn mal wieder keine Zeit für die
Mittagspause blieb. Und am Abend fing er ohne eine Tafel
Schokolade erst gar nicht an, die Klassenarbeiten zu korrigieren. Inzwischen folgt Neumann anderen Ritualen. Die Süßigkeiten hat er stark eingeschränkt; regelmäßig setzt er seinen
Körper in Gang, und zwar in einem Fitnessstudio. Wie gut
ihm das tut, erfährt Schuldirektor Neumann um sechs Uhr in
der Früh. Dann nämlich piekt er sich in eine Fingerspitze und
ermittelt seinen Blutzuckerspiegel. Der liegt jetzt zumeist bei
100 – der Mann hat sich, ganz ohne pharmazeutische Unterstützung, selber geheilt.

Elisabeth Erdmann, die zuckerkranke Krankenschwester,
ist vor einem halben Jahr zum ersten Mal in Stephan Martins
Sprechstunde gekommen – und hat seither ebenfalls eine er-
mutigende Wandlung erlebt: Das Gewicht der 1,76 Meter großen Frau ist von 122 Kilogramm auf 96 Kilogramm gesunken,
weil sie sich zum ersten Mal in ihrem Leben maßvoll ernährt
und hin und wieder sogar laufen geht. »Endlich kann ich mich
wieder normal bücken und brauche nicht mehr diese Hosen,
die so groß sind wie Zelte«, sagt Frau Erdmann und breitet
die Arme aus. Ihr Körper hat von der Gewichtsabnahme profitiert: Ihre bis vor kurzem noch deutlich erhöhten Blut-

zuckerwerte liegen jetzt wieder im normalen Bereich; die Medikamente gegen Diabetes und Bluthochdruck konnte sie absetzen.

Diese Heilerfolge beruhen letztlich auf einer veränderten Epigenetik, denn der Lebensstil prägt, inwiefern Gene des Zuckerstoffwechsels an- und abgeschaltet werden. Das hat Juleen Zierath vom Karolinska Institut in Schweden in einem eleganten Experiment gezeigt.[20] Die Physiologin hat Muskelzellen von gesunden Menschen und von Patienten mit Typ-2-Diabetes mellitus untersucht und die jeweiligen Methylierungsmuster in den Zellkernen miteinander verglichen: Hunderte Abschnitte im Erbgut waren unterschiedlich methyliert. In den veränderten Abschnitten fanden sich interessanterweise auch Gene, die für das normale Funktionieren der Mitochondrien eine Rolle spielen. Die Mitochondrien sind die Kraftwerke der Zelle; die Energie aus der Glukose verwandeln sie in das so genannte ATP, den universellen Brennstoff für biochemische Vorgänge. Tragen Muskelzellen nur wenige oder schadhafte Mitochondrien, dann können sie entsprechend weniger Glukose aus dem Blut verwerten: Wie beim Typ-2-Diabetes mellitus werden die betroffenen Zellen womöglich resistent gegen das Hormon Insulin.

Das Gen *pgc1alpha* ist wichtig dafür, dass sich Mitochondrien normal entwickeln können. Die Steuerung gerade dieses Schlüsselgens wird ganz offensichtlich durch den Lebensstil beeinflusst, hat Juleen Zierath herausgefunden: Denn in Muskelzellen der Patienten mit Typ-2-Diabetes mellitus (und übrigens auch in Muskelzellen von Menschen mit einer beginnenden Zuckerkrankheit) war dieses Gen verstärkt methyliert und dadurch ausgeschaltet. In der Folge stellten die betreffenden Muskelzellen weniger und auffällig kleine Mitochondrien her.

In weiteren Experimenten konnte Juleen Zierath den ungesunden Lebensstil – kalorienreiche Ernährung und mangelnde körperliche Bewegung – sogar im Reagenzglas nachstellen. Sie tauchte gesunde Muskelzellen in ein Bad aus Traubenzucker und Fett – prompt wurde das Gen *pgc1alpha* methyliert! Schließlich wollte die Physiologin noch zeigen, ob sich dieser ungesunde Vorgang verhindern lässt. Dazu fügte sie dem Bad aus Fett und Zucker eine Chemikalie hinzu, die das für die Methylierung zuständige Enzym blockiert. Wie erwartet, entstanden diesmal keine zusätzlichen Methylmarkierungen. Das *pgc1alpha* konnte ungestört arbeiten.

Die Experimente verdeutlichen, wie stark ein falscher Lebensstil die Aktivität von ausgerechnet solchen Genen beeinträchtigen kann, die im Normalfall für unser Wohlbefinden bürgen. Das Volksleiden Typ-2-Diabetes mellitus zeigt es eindrucksvoll: Wir sind nicht die Opfer unserer Gene – die Gene sind unsere Opfer.

Kapitel 12
Was das Herz begehrt

Körperliche Bewegung ist gut, aber bei Gero Behrend beschränkte sie sich aufs Zigarettenholen. Zwei Schachteln rauchte der Innenarchitekt aus Berlin jeden Tag. »Quer durch den Garten«, erzählt er. »Hauptamtlich aber Ernte 23.«

Sein Körper war damit irgendwann überfordert: Behrend ist 52 Jahre alt, als seine rechte Hand nach dem Abendbrot taub auf dem Teller liegen bleibt. Das Bein zieht er nach, er nuschelt, der Mundwinkel hängt schlaff herab – ein leichter Schlaganfall.

Für den Kettenraucher ist das »Schlägle« kein Grund, sein Leben zu ändern. Seine Lähmungserscheinungen sind auch nicht so schlimm, dass sie ihm das Rauchen unmöglich machen. »Mit der anderen Seite der Lippen konnte ich die Kippe ja noch halten.«

Die Symptome des leichten Schlaganfalls bilden sich sogar zurück. Sechs Jahre – und 87 000 Zigaretten – später gibt es Ärger mit dem rechten Bein. Weil er hemmlungslos geraucht und sich zugleich kaum körperlich bewegt hat, ist das Bein kalt und blau. Im Unterschenkel gibt es drei Hauptarterien – zwei davon sind bei Gero Behrend verstopft.

Das Gewebe wird nicht mehr ausreichend mit Blut versorgt und beginnt aus diesem Grund abzusterben: Auf Spann und Schienbein entstehen zwei schwärende Wunden. Ein Jahr lang schmiert ein Dermatologe Salbe darauf, aber die offenen Stellen werden groß und größer. Die Ärzte denken schon daran, das Bein unterhalb des Knies zu amputieren.

Heute ist Behrend 67 Jahre alt, und es geht ihm viel besser. Lächelnd betritt er ein Ausflugslokal im Berliner Grunewald und bestellt einen Kaffee.[1] Das Bein ist noch dran, die schlimmen Wunden sind vernarbt. Ebenso erfreulich sieht es im Innern des Beins aus, wie eine Untersuchung per Ultraschall offenbart hat: Neben den verstopften Blutgefäßen sind kräftige Arterien gewachsen und haben das Bein von innen geheilt. Behrend lehnt sich entspannt zurück und sagt: »Dass so etwas möglich ist, hätte ich niemals geglaubt.«

Die Gesundung mag wie ein Wunder erscheinen. Sie beruht jedoch darauf, dass Gero Behrend die Steuerung von Genen in den Zellen seiner Gefäße verändert hat. Der noch wenig bekannte Mechanismus, der dadurch ausgelöst wird, heißt Arteriogenese, und er kann sich in jedem Menschen abspielen.

Die Scherkraft regt die Gene an

Denn im Körper finden sich neben den großen Arterien kleine Gefäße, die oft nur einen Zehntelmillimeter dick sind. Dank dieser so genannten Kollateralen kann man sich einen biologischen Bypass wachsen lassen, und das geht so: Wenn eine große Arterie allmählich enger wird, dann sucht sich das Blut neue Wege. Es strömt zunehmend durch die kleinen Kollateralen – die sich auf diesen Reiz hin in vollwertige Arterien verwandeln können.

Während Mediziner nach »Risiko-Genen für Arteriosklerose« suchen und bereits etliche »Herzinfarkt-Gene« gefunden haben wollen, ergibt sich mit der Entdeckung der Arteriogenese ein anderes Bild. Die Gesundheit des Gefäßsystems ist weit weniger biologisch vorprogrammiert, als die Entdeckung angeblich immer neuer Risikogene vorgaukelt (eine Ausnahme ist die familiäre Hypercholesterinämie, die jedoch selten ist)[2]. Entscheidend für den Zustand der Gefäße ist der Lebensstil. Auch wenn der Großvater und der Vater am Herzinfarkt erkrankt waren, muss das kein Schicksal sein, sofern man pfleglich mit seinen Gefäßen umgeht. Und dazu ist es nie zu spät, wie die Entdeckung der Arteriogenese offenbart. Selbst bereits verkalkte Gewebe und Organe lassen sich regenerieren, indem man das Blut wieder gezielt in Wallung bringt. Der biologische Bypass hat keine Nebenwirkungen und verspricht eine natürliche Heilung.

Einer der Pioniere der Behandlungsmethode ist Wolfgang Schaper, emeritierter Professor am Max-Planck-Institut für Herz- und Lungenforschung im hessischen Bad Nauheim. In jahrzehntelanger Kärrnerarbeit hat er entdeckt: Das Gefäßsystem ist kein starres Gebilde, sondern erstaunlich wandelbar. In Tierexperimenten band Wolfgang Schaper beispielsweise Versuchskaninchen die Oberschenkelarterie im Hinterlauf mit einem Faden ab. Das Blut wurde daraufhin durch die kleinen Gefäße in der Umgebung, durch die Kollateralen geleitet. Diese waren anfangs viel zu eng, jedoch erweiterten sie sich nach einiger Zeit ganz erheblich und wurden schließlich zu Umgehungsarterien – fertig waren die natürlichen Bypässe.

Ihre Entstehung gehorcht einem biophysikalischen Gesetz: Wenn in einer Ader das Blut schneller und druckvoller strömt, dann vergrößert sich ihr Durchmesser. Ivo Buschmann, ein Gefäßmediziner an der Berliner Charité sagt: »Die beschleunigte Bewegung des Blutes löst Wachstumsprozesse aus. Durch die erhöhte Schubkraft des Blutes wird die Arteriogenese angeregt.«

Deshalb tut regelmäßige Ertüchtigung dem Herzen so gut. Unter ursprünglich lebenden Naturvölkern ist der Infarkt unbekannt. Auch körperlich aktive Mitglieder der Industriegesellschaft leben statistisch gesehen erheblich länger als inaktive Menschen. Viele Hobbyläufer im Greisenalter haben aufgrund der normalen Alterung zwar Verkalkungen in den Herzkranzgefäßen, sind aber völlig beschwerdefrei. Anerkennung schwingt mit, als Ivo Buschmann sagt: »Die haben sich selbst mit biologischen Bypässen versorgt.«

Die Arteriogenese erscheint wie ein in der Evolution entstandener Rettungsdienst. Nicht nur in den Beinen, auch im Becken, Gehirn und Herzen haben Ärzte sie inzwischen nachgewiesen. Die erhöhte Schubkraft wirkt auf die Zellen der Gefäße: In deren Kernen werden bestimmte Gene angeschaltet. In der Folge entsteht ein Protein, das so genannte Monozyten aus dem Blut anlockt. Diese eilen herbei, geben eine Fülle von Wachstumsfaktoren ab und bewirken damit die Umwandlung der Kollateralen in voll funktionstüchtige Adern.[3]

Der heilsame Umbau ist jedoch eingeschränkt oder funktioniert gar nicht mehr, wenn ein Mensch Zigaretten raucht oder körperlich träge ist. Überdies dauert es mehrere Tage oder Wochen, bis ein Bio-Bypass gewachsen ist. Als Retterin nach einem Schlaganfall oder nach einem akuten Herzinfarkt wirkt die Arteriogenese nicht schnell genug.

Aus diesem Grund versuchen Forscher, den Mechanismus künstlich zu verbessern. In einer Vielzahl von Studien verabreichten sie Patienten bestimmte Arteriogenese-Wachstumsfaktoren per Spritze. Das machte die kranken Menschen jedoch nicht immer gesünder. Ganz im Gegenteil: Von außen zugeführt, wirkten die Stoffe wie eine Entzündung im Körper und verursachten in einigen Fällen sogar Herzinfarkte sowie eine Verschlimmerung der Arterienverkalkung.

Herzhose gegen den Infarkt

Einen anderen Weg verfolgen Ivo Buschmann, seine Frau Eva und weitere Kollegen von der Berliner Charité. Sie versuchen die Arteriogenese zu aktivieren, indem sie das Blut künstlich in Wallung bringen. An einer ersten Studie haben herzkranke Probanden teilgenommen;[4] einer von ihnen ist Holger Schulze, Mitte 50, ein Sachverständiger für Fahrzeuge aus Brandenburg.

Wie Gero Behrend ist auch er ein Mensch, der durch viel Nikotin und wenig Bewegung zum Fall für die Medizin geworden. In den Herzkranzgefäßen hat Schulze kalkhaltige Ablagerungen und Engstellen.

An diesem Tag soll ihm mit der neuartigen Therapie geholfen werden. Holger Schulze wartet auf einer Liege im Evangelischen Krankenhaus im Berliner Bezirk Lichtenberg darauf, dass es losgeht. Bis zum Bauch steckt Schulze in einer blauen Hose, in die drei Schläuche führen. Eva Buschmann drückt einen Knopf. Ein Brummen erfüllt den Raum, und jählings rollen Wellen durch Schulzes Körper: Zuerst zucken die Füße nach oben, dann die Oberschenkel, dann der Unterleib.

Wer den sich im Sekundentakt aufbäumenden und erschlaffenden Körper betrachtet, der muss unweigerlich an Folter denken – nur dass Holger Schulze ganz glücklich ausschaut. »Herrlich«, ruft er auf der Liege, »ich fühle mich, als ob ich in einem Jungbrunnen bade.«

Die blaue Hose besteht aus aufblasbaren Manschetten, die segmentweise voll Luft gepumpt werden. Auf jeden Impuls hin wird das Blut aus den Beinen in Richtung Oberkörper gedrückt. Auf diese Weise kann das seltsame Beinkleid den Blutfluss wie bei körperlicher Bewegung simulieren. Deshalb fühlt sich Holger Schulze auch so wohl – wie auf einem echten Waldlauf werden in seinem Gehirn Glückshormone ausgeschüttet.

Die guten Gefühle sind aber nur eine Nebenwirkung der »Herz-Hose«, wie die Forscher die Konstruktion nennen. Es geht hauptsächlich um Anschubhilfe: Die Herz-Hose erhöht die Schubkraft des Blutes im Herzen – und soll auf diese Weise die Zellen zur Arteriogenese anregen.

Sieben Wochen lang haben die Berliner Mediziner Holger Schulze und 15 weitere Herzpatienten die Wonnen der Herz-Hose auskosten lassen, und zwar jeden Werktag eine Stunde lang. Nach der Hosen-Kur haben die Mediziner die Herzen der Probanden untersucht – und deutliche Hinweise auf sich bildende biologische Bypässe gefunden. Die federführende Eva Buschmann zeigt sich beeindruckt und sagt: »Die Leistung der Umgehungskreisläufe hat sich um 87 Prozent verbessert.«

Und bei immerhin 6 der 16 Herz-Hosen-Patienten gingen die Krankheitssymptome zudem merklich zurück. Zu ihnen gehört Holger Schulze. Weil seinem Herzen überraschend viele Umgehungsarterien gewachsen sind, ist die Weitung einer Engstelle mit einem Ballonkatheter, die bereits geplant war, nun nicht mehr nötig. Um den Nutzen der Herz-Hose weiter zu dokumentieren, suchen Ivo Buschmann und seine Kollegen Teilnehmer für weitere Studien. An 300 Herzpatienten, aber auch an 250 Menschen mit arteriellen Verschlüssen in den Beinen sowie an 50 Personen mit verengten Gefäßen im Gehirn wollen sie ihre Therapie testen.[5]

Allerdings verstehen die Ärzte die Herz-Hose (Stückkosten samt Pumpe: 90 000 Euro) keineswegs als Ersatz für körperliche Bewegung. Da gibt Ivo Buschmann den gestrengen Doktor und sagt: »Sich von der Herz-Hose durcharbeiten lassen und dabei vorm Fernseher liegen – genau das möchten wir nicht.« Dauerhaft könne das neuentwickelte Gerät allenfalls bei Patienten zum Einsatz kommen, die aufgrund von Amputationen und anderen Behinderungen nicht mehr laufen können.

Bei anderen Patienten soll die Herz-Hose lediglich helfen, die Gene in den Gefäßen zu aktivieren. Sobald die Arteriogenese in Schwung gekommen ist, sollen die Menschen die Schubkraft des Blutes selber erhöhen: durch regelmäßige körperliche Bewegung.

Ertüchtigung ist nämlich der natürlichste und beste Dünger für die Blutgefäße – der Marathonläufer und Kardiologe Christian Seiler vom Inselspital in Bern hat das im Selbstversuch nachgewiesen.[6] Im Alter von Mitte 40 lief der drahtige Arzt über einen Zeitraum von vier Monaten jede Woche etwa acht bis zehn Stunden. Seine Kollegen untersuchten, wie sein Herz darauf reagierte: Das Training hat die Durchblutung der Kollateralen um 60 Prozent erhöht.

Seiler selbst ist kerngesund, aber er wollte auch wissen, inwiefern verkalkte Herzkranzgefäße von Ertüchtigung profitieren. Für eine Studie ermunterte er 24 Herzpatienten zu mäßigem Ausdauersport (je 30 Minuten an fünf Tagen pro Woche). Schon nach drei Monaten zeigte sich: Die Bewegung wirkte ebenfalls wie ein gutes Medikament. Und das konnte man sogar regelrecht dosieren. Je trainierter eine Testperson war, desto mehr biologische Bypässe hatte sie.

Ehe sie loslegen, sollten Menschen mit bestehenden Gefäßkrankheiten das Bewegungspogramm mit einem Facharzt für Angiologie abstimmen. Damit die Arteriogenese überhaupt ihre segensreiche Wirkung entfalten kann, müssten bestimmte Engstellen in den Gefäßen zunächst beseitigt werden, sagt Karl-Ludwig Schulte, Chefarzt am Gefäßzentrum Berlin. »Ein Verschluss im Becken etwa muss behandelt werden, damit das Blut wieder bis in die Beine strömen und dort die Kollateralen überhaupt wachsen lassen kann.«

Eine Abfolge von Chirurgie und Bewegung war es auch, die Gero Behrend wieder gesund gemacht hat. In einer siebenstündigen Operation verpflanzten die Ärzte eine Vene in sein Bein, um den rechten Unterschenkel wieder mit Blut zu versorgen; sodann verschlossen sie die offenen Wunden mit Haut aus der Hüfte.

Die Eingriffe waren chirurgische Meisterleistungen. Aber zur Rettung des Beins fehlte noch eines – und das konnte nur der Patient selber beisteuern. Gero Behrend erzählt: »Ich dachte mir: Wenn ich weitermache wie bisher, dann ist das wohl nicht so gut.« Nach 42 Jahren gab er das Rauchen auf. Dafür unternahm er fortan ausgedehnte Spaziergänge, um das Blut in seinen Beinen in Wallung zu bringen. »Meine neuen Arterien sind ein Geschenk.«

Kapitel 13
Drüsen machen keinen dick

2004 kam in Leipzig ein Mädchen auf die Welt, das nicht satt zu kriegen war. Sah das Baby den Busen der Mutter, wurde es ganz zittrig und schluckte dann gewaltige Mengen an Milch – obwohl es gerade erst ausgiebig getrunken hatte. Als Kleinkind ließ es sich Brei und Mus, Fleisch und Geflügel, Kartoffeln und Möhren schmecken und nahm nach dem Nachschlag noch einen Nachschlag. Im Kindergarten wurde das Mädchen zu einem berüchtigten Mundräuber. Sobald es die eigene Portion aufgegessen hatte, stibitzte es Speisen anderer Kinder und steckte sie sich schnell in den Mund.

Das Mädchen ist vier Jahre alt, als die Eltern es in der Poliklinik für Kinder und Jugendliche der Universität Leipzig vorstellen.[1] Mit einer Körpergröße von 112,8 Zentimetern ist die Tochter ungewöhnlich groß. Sie hat leichtes Übergewicht und ist gesund und normal entwickelt. Ihre Mutter ist inzwischen dazu übergangen, die Nahrungsaufnahme zu überwachen und auf eine bestimmte Menge zu begrenzen, was die Tochter erstaunlich klaglos hinnimmt. Geschwister hat sie nicht. Die restlichen Verwandten des Kindes sind schlank; mit Ausnahme der Großväter, die beide ein wenig rundlich ausschauen.

Die Ärzte sind fasziniert von dem Mädchen, das immer Hunger hat – und verabreden mit seiner Mutter und den Erzieherinnen im Kindergarten ein ungewöhnliches Experiment. Fünf Tage ernährt die Mutter die Tochter mit den üblichen Einschränkungen und protokolliert bis auf den letzten Krümel, was sie zu sich nimmt. An den folgenden vier Tagen jedoch lassen die Mutter und die eingeweihten Erzieherinnen das Mädchen gewähren: Endlich einmal darf es so oft und so viel essen, wie es will, und sogar frei bestimmen, was es verzehrt: Schokolade und Schnitzel, Würstchen und Gummibärchen – in den vier Tagen langt das Mädchen ordentlich hin: Es nimmt durchschnittlich 32 Prozent mehr Energie auf, vor allem in Form von Proteinen und Fett.

Woher rührt dieser Heißhunger? Die Ärzte können es sich nur mit einer Laune der Natur erklären und untersuchen das Erbgut des Mädchens. In einem Gen (für den sogenannten Melanocortin-4-Rezeptor, MC4R), das verstärkt in den Zellen des Hypothalamus vorkommt, stoßen sie auf eine winzige Mutation. Ein DNA-Baustein (ein Cytosin) ist dort gegen einen anderen (ein Thymin) ausgetauscht. Es ist ein Fehler mit Folgen: Bestimmte Regelkreise im Hypothalamus des Mädchens sind gestört; aus diesem Grund kann sich das Gefühl der Sättigung nicht einstellen.

Heißhunger, weil die Gene es so wollen? Etliche Menschen erklären den eigenen Bauchumfang mit einer solchen biologischen Vorbelastung. Nichts anderes erlebt eine Ärztin aus der Wetterau. Dort sei die Fettleibigkeit in einem ihr bisher unbekannten Maß endemisch, berichtet die Ärztin, die in dieser hessischen Gegend eine Praxis betreibt. Eine Frau mit einem Body-Mass-Index von 58 (bei einem Wert von mehr als 30 beginnt die Fettleibigkeit) und ein Junge, der im Alter von neun Jahren bereits eine Fettleber vorweist, gehören zu den Schwergewichten in ihrer Praxis. »Täglich kommen Menschen zu mir«, erzählt die Ärztin, »die wissen möchten, ob es doch bitte, bitte die Drüsen sind.«

Es ist eine Frage, für deren Beantwortung die Länder der westlichen Welt Forschungsgelder in Millionenhöhe ausgeben. Genetiker und Mathematiker haben sich das Erbgut unterschiedlicher Menschengruppen aus Europa vorgenommen und dabei inzwischen 350 000 verschiedene Stellen in der DNA-Sequenz gemustert, womit mehr als 75 Prozent des Genoms abgedeckt sind. In der Vergangenheit haben die Forscher zwar die Entdeckung manch eines Dickmacher-Gens verkündet, einige der Meldungen jedoch waren voreilig und waren Phantomfunde (darunter *gad*, *enpp1* und *insig2*). Übrig geblieben sind gerade einmal zwei DNA-Abschnitte.[2] Zu ihnen gehört das bereits erwähnte *mc4r*, das den Appetit im Hypothalamus reguliert. Die mutierte Form hat zwar einen Effekt, kann aber in den meisten Fällen von Fettsucht nicht als Ausrede dienen. Denn selbst unter den Menschen mit starkem Übergewicht haben nur zweieinhalb Prozent ein mutiertes *mc4r*-Gen. Dickliche Kindern tragen einer anderen Studie zufolge sogar nur in 1,6 Prozent der Fälle eine *mc4r*-Mutation.[3]

Der andere DNA-Abschnitt, der womöglich Übergewicht begünstigt, hat den Namen *fto* erhalten (abgekürzt nach der englischen Bezeichnung fat mass and obesity associated). Das *fto*-Gen findet sich in jedem Menschen, aber was genau es macht, wissen die Forscher nicht. Allerdings könnte es daran beteiligt sein, das Körpergewicht über das Hypothalamus-Hypophysen-Nebennieren-System zu regulieren, weil es insbesondere im Hypothalamus, der Hirnanhangsdrüse und den Nebennieren aktiv ist. Nun gibt es offenbar mindestens zwei verschiedene Varianten des *fto*-Gens, die ihre Aufgabe in der Zelle unterschiedlich erfüllen – was sich im Körpergewicht niederschlagen kann. Menschen, die zwei veränderte *fto*-Gene tragen, wiegen im Durchschnitt drei Kilogramm mehr als Menschen, die zwei normale *fto*-Gene tragen.[4] Allerdings ist es gar nicht so leicht zu unterscheiden, welche Variante normal ist und welche nicht, weil beide *fto*-Varianten häufig sind. Untersuchungen von Europäern mit heller Hautfarbe haben ergeben: 16 Prozent der Bevölkerung haben die »schwere« *fto*-Variante von der Mutter und vom Vater geerbt und tragen somit zwei Ausfertigungen. Und mehr als die Hälfte der Menschen haben eine schwere Variante und eine leichte. Sie wiegen demnach statistisch gesehen etwa 1,5 Kilogramm mehr als Menschen mit zwei leichten Varianten.

Als biologische Ausrede für massives Übergewicht taugt *fto* also nicht. Sein Einfluss ist vergleichsweise klein – und kann zudem durch den Lebensstil übertrumpft werden. Das haben amerikanische Forscher herausgefunden, als sie 704 erwachsene Frauen und Männer untersuchten,[5] die zur christlichen Religionsgemeinschaft der Amischen gehören und nahe der Stadt Lancaster im US-Bundesstaat Pennsylvania leben. Zunächst einmal konnten die Forscher das bereits bekannte Wissen bestätigen: Auch unter den Amischen fanden sich etliche Menschen, die zwei schwere *fto*-Varianten trugen. Und wie zu erwarten, wogen sie im Durchschnitt etwa drei Kilogramm mehr als Vergleichspersonen mit zwei leichten Versionen des Gens.

Aber zugleich barg die Auswertung der Daten eine große Überraschung: Unter den Amischen gab es eine Gruppe von Menschen, bei denen der statistische Zusammenhang zwischen dem schweren *fto*-Gen und dem Körpergewicht gar nicht vorhanden war. Erwachsene aus dieser Gruppe trugen zwei schwere Genvarianten und waren dennoch nicht dicker als die anderen. Das erreichen sie mit ihrem Lebensstil, fanden die Forscher heraus. Weil die Amischen aus religiösen Gründen Motoren und Maschinen gar nicht oder nur eingeschränkt nutzen (welche technischen Hilfsmittel konkret eingesetzt werden können, legen verschiedene Amischgruppen unterschiedlich fest), arbeiten sie körperlich hart. Und jene Frauen und Männer, die körperlich besonders aktiv waren und auf diese Weise jeden Tag 900 Kilokalorien verbrannten, konnten den Einfluss der schweren *fto*-Varianten komplett überwinden. Forscher haben den Effekt nicht nur unabhängig gemessen, sondern gezeigt, dass er schon bei geringem Energieverbrauch einsetzt.[6] Wer sich also körperlich ertüchtigt, etwa einen ausgedehnten Spaziergang unternimmt oder einen Waldlauf absolviert, der verbrennt nicht nur Kalorien, sondern er verändert auch die Aktivität von Genen im Hypothalamus (unserem Hungerzentrum) und schaltet dort den dickmachenden Effekt von *fto* aus. Es ist ein weiteres Beispiel dafür, wie der Lebensstil die Erbanlagen steuert.

Körperliche Bewegung hat aus diesem Grund einen viel größeren Einfluss auf unser Gewicht als unser Erbgut. Nicht die Gene machen uns dick, sondern die Art und Weise, wie wir unser Leben organisieren, ob wir im Büro arbeiten, mit dem Auto zur Arbeit pendeln, die Kinder zu Fuß zur Schule gehen lassen. In New York haben Gesundheitsforscher den Body-Mass-Index von mehr als 13 000 Einwohnern ermittelt. Die Testpersonen stellten ein kunterbuntes Gemisch verschiedener ethnischer Gruppen dar, unter ihnen bettelarme Einwanderer und vermögende Banker, sie kamen aus der Bronx, aus Manhattan und den restlichen drei New Yorker Bezirken. Warum waren manche der Probanden dünn und andere übergewichtig? Die Forscher betrachteten die jeweiligen Wohnorte und ermittelten, wie viele Bushaltestellen, U-Bahn-Stationen, Straßenkreuzungen und Einkaufsstraßen es dort gab. Das Ergebnis ist aufschlussreich, denn die ethnisch so vielfältigen Einwohner von New York sind in puncto Bauchumfang ein Abbild ihres Wohnquartiers. Je mehr Bürgersteige es gab und je leichter die unmittelbare Umgebung für Fußgänger zugänglich war, desto schlanker waren die Menschen.[7] In Bonn und sieben anderen europäischen Städten haben Forscher eine vergleichbare Studie gemacht[8]. Je mehr Grünanlagen es gibt und je sauberer die unmittelbare Umgebung der Wohnung ist, desto mehr bewegen sich die Einwohner – wodurch die Wahrscheinlichkeit für Übergewicht um 40 Prozent gemindert ist. Wer jedoch in verkommenen Vierteln mit nur wenigen Grünflächen lebt, der ist merklich schwerer. Die Rate von Übergewicht ist um 50 Prozent erhöht – die Nachbarschaft ist eindeutig »adiposogen«.

Die unmittelbaren Lebensumstände modulieren die Matrix unserer Gene. Welche Ausmaße dieser Effekt annehmen kann, haben Forscher bei den Pima-Indianern erfahren, die im Indianerreservat Gila River im heißen Südwesten der USA leben. Ihre Vorfahren siedelten vor 2000 Jahren in den Tälern des heutigen US-Bundesstaates Arizona. Das Wasser war knapp, aber die Pimas benutzten ein ausgeklügeltes System, um ihre Felder zu bestellen. Überdies sammelten sie Essbares in den Bergwäldern und gingen auf die Jagd. Mit den Spanisch sprechenden Eindringlingen kamen die Pima noch aus, doch gegen Ende des 19. Jahrhunderts kamen immer mehr weiße Siedler aus den USA in ihr Siedlungsgebiet und machten ihnen das Wasser streitig. Damit war die traditionelle Landwirtschaft und die seit Generationen bewährte Lebensweise der Pimas dem Untergang geweiht. Sie wurden abhängig von den amerikanischen Eindringlingen und bekamen Reservate in den Wüsten zugewiesen.

Vor mehr als vierzig Jahren war es ein Tross von Mitarbeitern der amerikanischen Gesundheitsbehörde NIH, der die Gila River Indian Community besuchte. Eigentlich waren die Mediziner gekommen, um herauszufinden, ob die Pima-Indianer häufiger an rheumatoider Arthritis erkranken als die Schwarzfuß-Indianer im viel weiter nördlich gelegenen Montana. Doch als sie die Bewohner des Reservates zu Gesicht bekamen, wurde den Medizinern und Epidemiologen klar, dass diese Menschen ganz andere gesundheitliche Probleme hatten: Die Pimas waren derart übergewichtig, dass es selbst für amerikanische Verhältnisse rekordverdächtig war. Mit einer einzigartigen Forschungsoffensive machten sich Wissenschaftler daran, dem Geheimnis der übergewichtigen Indianer auf den Grund zu gehen. Sie rekrutierten Tausende Testpersonen und zapften ihnen Blut ab; sie protokollierten ihren Leibesumfang, untersuchten ihre Augen, testeten Nieren, legten Verwandtschaftsverhältnisse offen. Die Diagnose war erschütternd: Die Pima-Indianer waren nicht nur äußerst übergewichtig, sondern sie hatten eine unglaublich hohe Rate von Typ-2-Diabetes mellitus – warum nur war das so?

Es sollten dreißig Jahre vergehen, bis die Mediziner die Frage eindeutig beantworten konnten. Einer der NIH-Forscher aus dem ersten Tross, der Epidemiologe Peter Bennett, hatte irgendwann ein Gerücht gehört: Es gebe da noch eine unberührt gebliebene Gruppe von Pima-Indianern. Allerdings lebten ihre Mitglieder nicht in Arizona, sondern in den unzugänglichen Bergen der Sierra Madre im nordwestlichen Mexiko. Vergessen von der Außenwelt, hätten diese Pimas sich die traditionelle Lebensweise erhalten können. Bennett machte sich auf den beschwerlichen Weg – und fand das Volk in den Bergen. Auf einer Höhe von 1600 Metern über dem Meer lebten die Indianer in Behausungen aus Lehmziegeln und Holz; auf den Hängen bauten sie Kartoffeln, Bohnen und Mais an. Vor etwa 700 bis 1000 Jahren hatten sich diese Pimas vom Rest des Stammes abgetrennt und in der Abgeschiedenheit der Sierra Madre überlebt. Als der Epidemiologe Bennett und seine Begleiter in die Siedlungen einzogen, wurden sie neugierig empfangen. Die Indianer interessierten sich für die Arbeit der Besucher. 17 Frauen und 23 Männer ließen sich medizinisch untersuchen und gaben bereitwillig Auskunft über ihr Dasein.[9] Die Forscher verglichen diese Daten mit Zahlen und Messwerten aus dem Pima-Reservat in Arizona, die sie ebenfalls an 17 Frauen und 23 Männern ermittelt hatten. Hier ist das Ergebnis:

	Mexiko-Pimas	US-Pimas
Alter (in Jahren)	36,6	37,2
Größe (in Zentimetern)	163	166
Gewicht (in Kilogramm)	66,5	92,8
Fettmasse (in Kilogramm)	16,7	33,5
Energieverbrauch durch körperliche Aktivität (Kilokalorien pro Tag)	1243	711

Die unterste Reihe lüftet das Geheimnis: Die Pimas in Mexiko bewegen sich viel mehr. In der unwirtlichen Sierra Madre bestellen sie das Feld mit Hilfe ihrer Muskelkraft und haben auch sonst körperlich anstrengende Jobs, etwa in Sägewerken und in Bergminen. Das Trinkwasser holen sie von weit her; die Mahlzeiten bereiten sie nach alter Sitte mit viel Ballaststoffen, wenig Fett und Zucker (die Nahrung der amerikanischen Pimas enthält zu 62 Prozent Kohlenhydrate, die der mexikanischen Pimas 49 Prozent). Die Ernährung spielt auch eine Rolle, aber den entscheidenden Unterschied zwischen einem dünnen und einem dicken Pima macht die körperliche Bewegung aus.

In der wissenschaftlichen Literatur und in Magazinartikeln wird gerne kolportiert, die Pima in Arizona hätten eine besondere genetische Anfälligkeit für Fettleibigkeit. Was für ein Märchen! Die Pimas leiden, weil man ihren traditionellen Lebensstil zerstört und sie in Reservate gesteckt hat.

Rund 100 bis 200 Gene sind schätzungsweise daran beteiligt, wie viel Energie ein Mensch verbraucht, wie er Nahrung verwertet und wie viel Fettmasse er ansetzt. Daraus ergeben sich keine Risikogruppen, sondern allenfalls biologische Varianten. Bei gleicher Ernährung und Bewegung mag der eine eher hager sein, der andere eher untersetzt. Aber die Fälle von Fettleibigkeit, wie sie seit wenigen Jahrzehnten in der Menschheit auftreten, erklären die Gene nicht.

Das lehrt auch die Geschichte des Mädchens aus Leipzig, das nicht satt werden kann. Nachdem die Genetiker die seltene

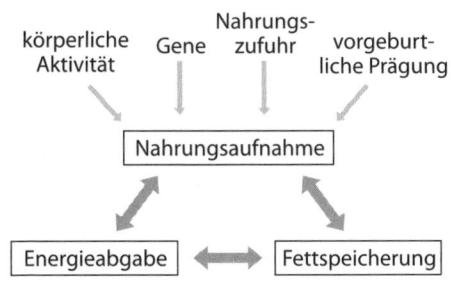

(Nach: Hans-Georg Joost/Deutsches Institut für Ernährungsforschung Potsdam Rehbrücke)

Abbildung 9: Kontrolldreieck der Energiebilanz

Die Energiebilanz des Menschen wird nur zu einem geringen Teil von der Biologie beeinflusst. Einen viel größeren Einfluss haben Faktoren, die den Lebensstil betreffen. Weil man das Verlangen nach Nahrungsaufnahme nicht über eine bestimmte Schwelle absenken kann, sind Hungerkuren zum Scheitern verurteilt. Nach oben gibt es allerdings keine Grenze: Aus diesem Grund können Menschen, die dauerhaft mehr Energie zu sich nehmen, als sie verbrennen, ein Körpergewicht von 500 Kilogramm und mehr erreichen.

mc4r-Mutation bei ihm diagnostiziert hatten, begrenzten die Eltern die Mahlzeiten weiter und kontrollierten sein Körpergewicht mit der Badezimmerwaage. Insbesondere aber ermunterten sie die Tochter, sich viel körperlich zu bewegen. Mit diesen einfachen Maßnahmen ist es gelungen, ihre biologische Anlage zum Dicksein ins Leere laufen zu lassen. Die Mutter hat es der Tochter vorgelebt. Weil sie sich stets vernünftig ernährte und viel bewegte, war die Frau immer rank und schlank. Dabei trägt die Mutter selbst die *mc4r*-Mutation. Das erfuhr sie aber erst, als die Leipziger Ärzte auch ihr Blut untersuchten. Etwas gespürt von dieser angeblichen Erblast hat die Frau nie.

Kapitel 14 / Epilog
Unsere Gene sind wunderbar wandelbar

Auch zehn Jahre nach der Entzifferung des menschlichen Erbguts sind der Ankündigung, die großen Volkskrankheiten besiegen zu können, keine Taten gefolgt. Der klinische Alltag hat bisher nur kaum von der »genetischen Revolution« profitiert. Und doch erscheint die Genetik vielen Menschen wie eine neue Religion. Ihr Schicksal, so denken sie, habe sich in ihren Genen bereits entschieden. Der Glaube an die Allmacht der Biologie spendet Trost und schenkt Entlastung.

Der Glaube an die Gene hat in Wahrheit aber verhängnisvolle Folgen. Auf der Suche nach genetischen Hirngespinsten verpulvern Forscher Summen in Milliardenhöhe, doch was sie abliefern, ist ein Wust von unverdauten und unverdaulichen genetischen Assoziationen. Der gaukelt zwar einen Fortschritt vor, jedoch hat er die Menschheit bisher weder gesünder noch glücklicher gemacht. In der Altersforschung, um nur ein Beispiel zu nennen, suchen Biologen nach immer neuen Methusalem-Genen und sind nahezu blind für die Frage, welche äußeren Faktoren eigentlich mit einem langen und erfüllten Leben verbunden sind. Überhaupt wäre es ergiebiger, vermehrt den Einfluss der Umwelt auf unsere Gesundheit und unser Gehirn zu erforschen. Doch dieser Ansatz zieht im Zeitalter der Biomedizin den Kürzeren, der Mensch wird auf seine molekularen Bauteile reduziert.

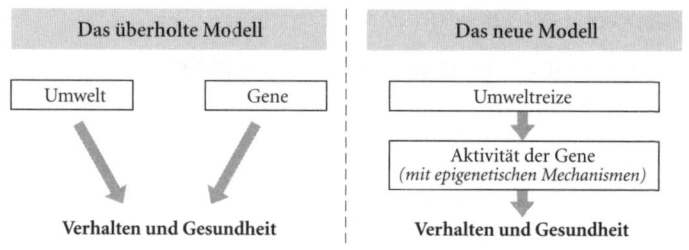

Abbildung 10: Die Umwelt steuert die Gene

Gravierend sind die Folgen der Gen-Gläubigkeit für die einzelnen Menschen. Die Annahme, seelische und körperliche Probleme hätten eine biologische Wurzel, raubt ihnen die Hoffnung. Sie flüchten sich in ein Nichtstun, in einen genetischen Nihilismus und warten untätig darauf, dass sich ihr Schicksal erfülle.

Diese Sichtweise als Trugschluss zu erkennen, das ist keine Frage der Weltanschauung und auch nicht des Zeitgeistes. Es geht nicht darum, ob das Pendel gerade in Richtung Umwelt schwingt oder in Richtung Gene. Dass die Allmacht der Gene ein Märchen ist, ist die ultimative Erkenntnis der Genforschung selbst. Forscher haben Hunderttausende von Zwillingen in der ganzen Welt untersucht und nur ein bescheidenes Erbe gefunden. Was unsere Gesundheit angeht, erklären die Gene nur 30 Prozent – die anderen 70 Prozent sind unter unserer Kontrolle. Die postulierten Krankheitsgene konnten die Biomediziner nicht finden – dafür stießen sie auf die Epigenetik, jenes Scharnier, das die Kultur mit unserem Erbgut verbindet: Gene steuern nicht nur, sondern wir können sie steuern. Unsere Gene sind wunderbar wandelbar und können ihre Erfahrungen sogar weitergeben.

Das Gedächtnis des Körpers

Dass unsere Zellen ihre Erfahrungen an Tochterzellen weitergeben können, ist eine der erstaunlichsten Entdeckungen der
Epigenetik. Wissenschaftlich gesichert ist diese Weitergabe für
die Körperzellen: Wenn sie sich teilen, dann können sie ihre
epigenetische Signatur an die Tochterzellen weitergeben. Um-
strittener ist die Frage, ob Menschen diese Erfahrungen auch
mit ihren Keimzellen, mit den Eizellen und Spermien weitergeben und an ihre Kinder und Kindeskinder vererben. Die
Folgen wären weitreichend: Unser heutiger Lebensstil hätte
Auswirkungen auf unsere Kinder, Enkel, Urenkel und Ururenkel. Umgekehrt könnten wir in unserem Körper die Erfahrungen tragen, die unsere Eltern, Großeltern und Urgroßeltern
gemacht haben. Wirkt, was eine Mutter einst gegessen hat, in
Enkeln nach? Geben Menschen, die traumatische Erfahrungen gemacht haben, die Erinnerung daran an spätere Generationen weiter?

Tatsächlich meinen einige Forscher Hinweise ausgemacht
zu haben, die auf eine epigenetische Vererbung beim Menschen deuten. Eine Untersuchung dreht sich um Menschen
aus der kleinen Gemeinde Överkalix im Norden Schwedens.
Das abgeschiedene Dorf hat es Sozialmedizinern angetan, weil
es über ein penibel geführtes Gemeinderegister verfügt: In den
Jahren 1800, 1812, 1821, 1836 und 1856 gab es Missernten;
die Dorfbewohner hatten Hungersnöte zu überstehen. In den
Jahren 1801, 1822, 1828, 1844 und 1863 dagegen fuhren die
Bauern reiche Ernten ein, und die Bewohner hatten mehr
Nahrung, als sie vertilgen konnten.

Der Sozialmediziner Lars Olov Bygren wollte nun herausfinden, ob diese Zyklen aus Mangel und Überfluss Spuren hinterlassen haben: nicht nur in den damaligen Bewohnern, son-

dern auch in ihren Kindern und Enkelkindern. Dazu studierte er die Daten von knapp 100 Menschen, die 1905 in Överkalix geboren wurden. Anhand historischer Aufzeichnungen konnte er nicht nur die Daten ihrer Eltern und Großeltern ermitteln, sondern auch abschätzen, wie schlecht oder wie gut die Versorgungslage für die Vorfahren war. Tatsächlich glaubt Bygren Auffälliges gefunden zu haben: Männer, die als Jungen in Överkalix eine Hungersnot überstehen mussten, hatten Enkelsöhne, die besonders lange lebten.

Inspiriert von diesem Ergebnis suchte Bygren, diesmal mit Forschern aus England, nach weiteren ähnlichen Effekten und machte in Studiendaten die Fälle von 166 Männern ausfindig, die bereits vor dem zwölften Lebensjahr stark geraucht hatten. Sie haben alle Söhne in die Welt gesetzt, die im Alter von neun Jahren überdurchschnittlich übergewichtig waren.

Waren die Hungersnot und der Zigarettenkonsum Erfahrungen, die möglicherweise die epigenetische Signatur in den Keimbahnzellen der Knaben verändert haben?

Das ist eine Spekulation, mehr nicht. Die historischen Daten verraten nicht, welchen anderen Umweltfaktoren die nachgeborenen Söhne sonst noch ausgesetzt waren. Zum anderen wird sich niemals feststellen lassen, ob die Samenzellen der hungernden und rauchenden Jünglinge tatsächlich epigenetisch verändert waren.

Allerdings hat der amerikanische Molekularbiologe Michael Skinner Tierexperimente gemacht, um herauszufinden, ob Samenzellen epigenetische Prägungen weitergeben können. Dazu hat er schwangeren Ratten ein Fungizid namens Vinclozolin in den Körper gespritzt. Daraufhin gebaren die Mütter männliche Junge mit eingeschränkter Fruchtbarkeit. Und nahezu alle Männchen in den nachfolgenden vier Generationen waren ebenfalls nur eingeschränkt fruchtbar, was offenbar an einer veränderten DNA-Methylierung lag.[1] Übertragen auf den Menschen könnte das bedeuten: Wenn die Großmutter während der Schwangerschaft schädlichen Chemikalien ausgesetzt war, dann leiden noch ihre Ururenkel darunter.

Allerdings gibt es viele Ungereimtheiten um die Versuche von Michael Skinner und seiner Gruppe. In einer 2006 erschienenen Arbeit beschrieben sie, wie das Vinclozolin eine ganze Reihe von Genen epigenetisch verändert hat – doch drei Jahre später haben sie die Arbeit zurückgezogen, weil einer der Forscher offenbar Daten manipuliert hatte. Überdies haben Gruppen aus Japan, Deutschland und den Vereinigten Staaten vergleichbare Tierversuche mit dem Fungizid durchgeführt und konnten nicht bestätigen, dass dessen schädliche Wirkung über Generationen hinweg weitergegeben wird.[2]

Andere Ergebnisse lassen ebenfalls Zweifel aufkommen an einer epigenitischen Vererbung über Generationen. So gingen australische Forscher 2004 mit der sensationellen Meldung an die Öffentlichkeit, sogar Krebserkrankungen könnten über epigenetische Mechanismen an nachfolgende Generationen vererbt werden, und zwar durch Spermazellen mit einer veränderten Methylierung. Doch drei Jahre später zog einer der Autoren die Arbeit zurück und ließ im Fachblatt *Nature Genetics* eine Richtigstellung drucken: Eine Überprüfung der Experimente hat demnach ergeben, dass die Samenfäden doch nicht auffällig methyliert waren.[3]

Schließlich spricht auch die Biologie dagegen, dass epigenetische Veränderungen über die Keimbahn weitergegeben werden. Nach der Verschmelzung von Samenfaden und Eizelle müssen die epigenetischen Muster ja nahezu komplett gelöscht sein, damit überhaupt ein neuer Organismus heranwachsen kann. Dass es hierbei vereinzelt zu Fehlern kommt und alte epigenetische Muster doch weitergegeben werden, das ist zwar nicht auszuschließen. Jedoch ist es nicht der Normalfall. Der sieht eher so aus: Im Embryo sind die epigenetischen Signale auf Null gestellt. Das ist eine gute Nachricht, weil wir ohne epigenetische Erblast ins Leben starten.

Unmittelbar nach diesem Neustart wirken allerdings äußere Faktoren auf das Erbgut. Die Prägung beginnt – wie wir gesehen haben – bereits im Mutterleib und dauert bis zum Ende des Lebens. Auf diese Weise bildet sich die individuelle Lebensgeschichte in den Erbanlagen ab. Ein jeder Mensch schreibt Memoiren in seine Moleküle und entscheidet darüber mit, wie sich sein Leib und seine Seele ausprägen. Die Gene sind nicht fixiert, sondern flexibel.

Weil die Methylierung und die Acetylierung des Erbguts umkehrbare chemische Reaktionen sind, können wir sie beeinflussen. Darauf gründet sich die Hoffnung auch von Pharmakologen. Sie erproben bereits Substanzen, die direkt auf die Epigenetik wirken, und zwar auf jene Enzyme, die für das Methylieren und Acetylieren zuständig sind. Vor Heilsversprechen sollte man sich allerdings hüten.[4] Es erscheint fraglich, ob man pharmakologisch überhaupt zielgerichtet in die Epigenetik eingreifen kann, ohne gleich dieses vielschichtige Gefüge durcheinanderzubringen. Nebenwirkung erscheinen geradezu vorprogrammiert. Man denke nur an das Azacytidin, das Krebsmedikament aus dem zehnten Kapitel. Es soll eigentlich Tumor-Suppressor-Gene aktivieren, wodurch das Wachstum von Krebszellen unterdrückt würde. Ebenso könnte das Mittel auch Onkogene aktivieren, wodurch sogar noch mehr Krebszellen entstünden.

Glücklicherweise gibt es eine andere Möglichkeit, auf die Epigenetik einzuwirken; eine Möglichkeit, die ohne unerfreuliche Nebenwirkungen auskommt und die jeder ergreifen kann: unseren Lebensstil! Er wirkt auf unsere Gene und entscheidet mit, was wir aus unserem biologischen Potential machen. In der Evolution ist mit der Epigenetik ein Mechanismus entstanden, der es dem Körper und der Seele erlaubt, schnell auf äußere Einflüsse reagieren zu können. Diese evolutionäre Erfahrung können wir für uns arbeiten lassen: Sobald wir etwas machen, was unserem Körper guttut, verändern wir die epigenetische Signatur zu unseren Gunsten. In den vorigen Kapiteln haben wir viele Beispiele kennengelernt: Wenn Männer nach einer Krebsdiagnose einen gesunden Lebensstil praktizieren, dann lassen sie gefährliche Gene verstummen. Patienten, die nach einem Herzinfarkt ein Ausdauertraining aufnehmen, züchten neue Blutgefäße heran. Menschen, die meditieren, erhöhen die Dichte der grauen Substanz.

Wie sich unser körperliches Erscheinungsbild ausprägt, können wir auf molekularer Ebene steuern. Beispiel Muskulatur: Die meisten Menschen kommen mit einem Mosaik unterschiedlicher Fasertypen auf die Welt. Wer viel Typ-I-Fasern hat, der ist eher ein sehniger Ausdauertyp. Wer dagegen viel Typ-II-Fasern hat, neigt in Richtung Kraftsport und Sprint. Die Verteilung der Fasern »im jeweiligen Muskel ist weitgehend genetisch festgelegt« und lässt sich der gängigen Lehrmeinung zufolge nicht verändern.[5] Aber auch diese Annahme war falsch, haben Physiologen herausgefunden. Durch gezieltes Training kann man die Muskelzellen verwandeln. Wer Dauerläufe unternimmt, seine Muskeln also langen und wiederkehrenden Reizen aussetzt, der verändert seine Fasern in Richtung Typ-1.

Wer ein langes und gesundes Leben haben will, der möge sich seine Eltern sorgfältig aussuchen – dieser traditionelle Rat des Arztes darf als überholt gelten. Der Einfluss der Gene auf die Lebenserwartung wurde hochgespielt, er liegt in Wahrheit nur bei 20 bis 30 Prozent. Studien an Zwillingen aus Däne-

mark, Finnland und Schweden, die länger als 90 Jahre nachverfolgt wurden, haben »minimale genetische Effekte« für die
Sterblichkeit vor dem 60. Geburtstag offenbart. Und für Menschen, die älter werden, sind die genetischen Effekte »moderat«.[6] Größtenteils haben wir es also selbst in der Hand, wie
wir altern und wie alt wir werden. »Das Altwerden ist ein ungemein formbarer Vorgang«, sagt James Vaupel, der Direktor des Max-Planck-Instituts für demographische Forschung
in Rostock. »Durch geeignete Umwelteinflüsse kann man ihn
auch im Alter noch beträchtlich ausdehnen.«

Aussagekräftiger als die genetische Ausstattung ist der
Wohnort. Ein Beispiel ist die amerikanische Hauptstadt Washington DC. Die Metro fährt von der Innenstadt ins Mont-
gomery County im angrenzenden US-Bundesstaat Maryland.
Die Lebenserwartung der Menschen, die entlang der Bahn-
strecke leben, erhöht sich mit jeder zurückgelegten Meile um
anderthalb Jahre. Die männlichen Anwohner an der Aus-
gangsstation sind arm und werden im Durchschnitt 57 Jahre
alt. Am Endbahnhof leben Männer, die reich sind und eine
durchschnittliche Lebenserwartung von 76,6 Jahren haben.[7]

Die Epigenetik ist das Scharnier, über das die Umwelt auf
das Erbgut wirkt. Ob ein Gen »böse« ist oder »gut«, das hängt
auch davon ab, wie wir es behandeln. Der Lebensstil spiegelt
sich in der epigenetischen Prägung wider. Im Herzgewebe von
Menschen mit Herzschwäche (Herzinsuffizienz) sind bestimmte Gene stärker methyliert als bei herzgesunden Menschen.[8] Hautzellen, die der Sonne ausgesetzt waren, haben ein
anderes Methylierungsmuster als Hautzellen, die keine UV-
Strahlen abbekamen. Die Art und Weise, wie ein Individuum
altert, wird begleitet von Änderungen in seinem Epigenom.

Wer weiß, vielleicht können Gesundheitsforscher dereinst
anhand der epigenetischen Prägung erkennen, wie ein Mensch

gelebt hat? Haben ihn seine Eltern geliebt? Musste er in jungen Jahren Hunger leiden? Hat er in der Pubertät geraucht?

Eine verringerte Lebenserwartung haben Epidemiologen vor allem auf drei Umweltfaktoren zurückgeführt. Rauchen, mangelnde körperliche Bewegung und schlechte Ernährung sind demnach die Abkürzungen in den Tod. Diese Faktoren verändern die Steuerung unserer Gene. Forscher haben beispielsweise Versuchstiere zwei Monate lang ausschließlich mit Fastfood (viel Fett und viel Zucker) gefüttert. Im Hippocampus ging daraufhin die Aktivität des Gens für BDNF nach unten, für jenes Protein also, das im Gehirn wie ein Dünger wirkt.[9]

Bedienungsanleitung für unsere Gene

Wer seinen Genen diese und andere abträgliche Effekte erspart, der kann seine Schicksal in einem erstaunlichen Ausmaß beeinflussen. Wer körperliche aktiv ist, ausreichend Obst und Gemüse verzehrt, nicht raucht und den Alkoholkonsum moderat hält, der verlängert seine Lebensdauer im Durchschnitt um 14 Jahre.[10] Zur Bedienungsanleitung für die Gene gehört natürlich auch, die Seele gut zu behandeln. Zuversicht und zwischenmenschliche Beziehungen, Yoga und Meditation führen, wie wir gesehen haben, zu regelrechten Umbauarbeiten in der Architektur von Nervenzellen. Lernen und Erinnern sind verbunden mit epigenetischen Änderungen im Gehirn.

Damit haben wir nicht nur ein Stück weit Kontrolle über unser eigenes Gehirn, sondern wir tragen auch enorme Verantwortung für die seelische Entwicklung unserer Kinder. Die Kinder zu lieben, zu respektieren und ihnen Aufmerksamkeit zu schenken ist ganz wichtig. Es prägt ihre Hirnzellen ein Leben lang und ist die Grundvoraussetzung, sie zu glücklichen Menschen und stabilen Persönlichkeiten zu machen.

Geist und Gehirn sind genauso wandelbar wie die Gene selbst. Das sollten wir unseren Kindern erklären. An einer Universität bekamen Studenten einen Film zu sehen über die Formbarkeit des Geistes. Sie lernten, wie unsere Nervenzellen das ganze Leben lang neue Verbindungen untereinander knüpfen und wie die grauen Zellen regelrecht wachsen, wenn wir sie fordern. Am Ende des Semesters waren diese Studenten zufriedener und hatten im Durchschnitt bessere Noten erzielt als Studenten einer Kontrollgruppe, denen man nichts über die Wandelbarkeit des menschlichen Gehirns verraten hatte. An einer Schule wiederum erklärten Forscher Schülern zunächst, dass man das Gehirn wie einen Muskel trainieren kann, und förderten sie dann acht Wochen lang. Im Vergleich zu Kontrollschülern, die keine Ahnung vom plastischen Gehirn hatten, waren sie motivierter und machten größere Fortschritte. Während die Kinder ihren Geist anstrengten, stellten sie sich vor, wie ihre Nervenzellen neue Verbindungen knüpfen.[11]

Was für eine wunderbare Prophezeiung, die sich da erfüllt! Unser Leben ist weit weniger vorbestimmt, als wir immer dachten. Wer das erkennt, der ist schon auf dem besten Weg, das Potential seiner Gene auszuschöpfen.

Danksagung

Von der Methylierung habe ich als junger Student im großen Hörsaal der Biologie der Universität Köln von Walter Dörfler gehört. Ich hätte mir damals nicht träumen lassen, wie sehr die Epigenetik einmal unser aller Leben beeinflussen würde. Ich danke all jenen, die mir geholfen haben, das Ausmaß dieser Revolution zu verstehen. Gela Becker-Klinger, Eva Buschmann, Ivo Buschmann, Nicolas Christakis, Günter Dörner, Hans-Ulrich Ebert, Leon Eisenberg, Elisabeth Erdmann, André Fischer, Eberhard Fuchs, Anna Gislén, David Goldstein, Hans-Georg Joost, David Haig, Britta Hölzel, Bernhard Horsthemke, John Ioannidis, Jerome Kagan, Ted Kaptchuk, Peter Kraft, Daniel Lieberman, Frank Lyko, Stephan Martin, Bruce McEwen, Geoffrey Miller, Manfred Neumann, Tarique Perera, Andreas Plagemann, Henriette van Praag, Manfred Schedlowski, Torsten Schöneberg, Karl-Ludwig Schulte, Christian Seiler, Hans-Ludwig Spohr, Jon-Kar Zubieta, Heide, Lisa und ihren Eltern danke ich für Interviews oder Zusendungen. Hans-Georg Krüger von der Martha-Muchow-Bibliothek der Universität Hamburg hat mir einen Aufsatz geschickt, der nirgends sonst zu finden war. Ohne die Hilfe der Genannten wäre das Buch nicht möglich gewesen, etwaige Fehler gehen allein auf mich zurück. Besonders danken möchte ich Georg Mascolo, Mathias Müller von Blumencron und Martin Doerry aus der Chefredaktion des Spiegel, weil sie dieses Projekt genehmigt haben. Ein großer Dank geht an die Ressortleiter Johann Grolle und Olaf Stampf, weil sie mich unterstützen. Nina Bschorr im S. Fischer Verlag danke ich für die beharrliche Zuversicht und das vorzügliche Lektorat. Matthias Landwehr danke ich, weil er dieses Projekt großartig vertreten hat. Mein erster Dank geht an Menschen, denen ich besondere Spuren in meinem Erbgut verdanke: an meine Mutter, meine Frau und unsere Kinder.

Anmerkungen

Vorwort
Das Geheimnis der Seenomaden

1 Anna Gislén et al.: Superior Underwater Vision in a Human Population of Sea Gypsies. Current Biology, 2003, 13, S. 833–836

2 Anna Gislén et al.: Visual Training Improves Underwater Vision in Children. Vision Research, 2006, 46, S. 3443–3450

Kapitel 1
X ist ein Gen für Y

1 Josée Dupuis et al.: New Genetic Loci Implicated in Fasting Glucose Homeostasis and Their Impact on Type 2 Diabetes Risk. Nature Genetics, 2010, 42, S. 105–116

2 www.genome.gov/gwastudies/

3 Pressemitteilung der Pressestelle des Klinikums rechts der Isar der Technischen Universität München vom 10. 1. 2010

4 So Amelie Fried im Interview mit Silke Offergeld im Kölner Stadt-Anzeiger vom 1. August 2009

5 Jason Z Liu et al.: Meta-analysis and imputation refines the association of 15q25 with smoking quantity. Nature Genetics, 2010, 42, S. 436–440; The Tocacco and Genetics Consortium: Genome-wide meta-analyses identify multiple loci associated with smoking behavior. Nature Genetics, 2010, 42, S. 441–447; Thorgeir E Thorgeirsson et al.: Sequence variants at CHRNB3–CHRNA6 and CYP2A6 affect smoking behavior. Nature Genetics, 2010, 42, S. 448–453

6 Clifton Bogardus: Missing Heritability and GWAS Utility. Obesity, 2009, 17, S. 209–210

7 Richard Powers: Das größere Glück. Frankfurt am Main 2009

8 Richard Powers: Ich habe das Neugier-Gen. Aus dem Englischen von Manfred Allié und Gabriele Kempf-Allié. Süddeutsche Zeitung vom 28. Dezember 2009

9 Pauline C. Ng et al.: An Agenda for Personalized Medicine. Nature, 2009, 461, S. 724–726

10 Sarina M. Rodrigues et al.: Oxytocin Receptor Genetic Variation Relates to Empathy and Stress Reactivity in Humans. Proceedings of the National Academy of Sciences, 2009, 106, S. 21437–21441

11 Pressemitteilung der Oregon State University vom 16.11.2009. http://oregonstate.edu/ua/ncs/archives/2009/nov/study-links-genetic-variation-individual-empathy-stresslevels

12 Ruth Hubbard und Elija Wald: Exploding the Gene Myth. Boston 1999

Kapitel 2
Schlaue Zellen – wie Erfahrungen unsere Gene prägen

1 Darlene Francis et al.: Nongenomic Transmission Across Generations of Maternal Behavior and Stress Responses in the Rat, Science, 1999, 286, S. 1155–1158

2 Auch RNA-Moleküle können die Steuerung der Gene beeinflussen und bilden mithin eine weitere Ebene der epigenetischen Steuerung.

3 Chris Murgatroyd et al.: Dynamic DNA Methylation Programs Persistent Adverse Effects of Early-life Stress. *Nature Neuroscience*, 2009, 12, S. 1559–1566

4 Moshe Szyf: Dynamisches Epigenom als Vermittler zwischen Umwelt und Genom. Medizinische Genetik, 2009, S. 7–13

5 Walter Doerfler: DNA-Methylierung – ein wichtiges genetisches Signal in Biologie und Pathogenese. medgen, 2005, S. 260–264

6 Es handelt sich um sogenannte Agouti-Mäuse, die ein Gen für eine gelbliche Fellfarbe tragen. Waterland und Randy Jirtle: Transposable Elements: Targets for early Nutritional Effects on Epigenetic Gene Regulation. Journal of Molecular Cell Biology, 2003, 15, S. 5293–5300.

7 Dana Dolinoy et al.: Maternal Genistein Alters Coat Color and Protects Avy Mouse Offspring from Obesity by Modifying the Fetal Epigenome. Environmental Health Perspectives, 2006, 114, S. 567–72.

8 Mario F. Fraga et al.: Epigenetic Differences Arise During the Lifetime of Monozygotic Twins. Proceedings of the National Academy of Sciences, 2005, 102, S. 10604–10609

9 David Cyranoski: Two by Two. Nature, 2009, 458, S. 826–829

Kapitel 3
Der erste Kampf der Geschlechter

1 Peter und Paula sind nicht die richtigen Namen der Kinder. Ihre Krankengeschichte haben Bernhard Horsthemke und sieben Kollegen in einem Aufsatz dokumentiert. Vgl.: André Reis et al.: Imprinting Mutations

Suggested by Abnormal DNA Methylation Patterns in Familial Angelman and Prader-Willi Syndromes. The American Journal of Human Genetics, 1994, 54, S. 741–747

2 Christopher Badcock und Bernard Crespi: Battle of the Sexes May Set the Brain. Nature, 2008, 454, S. 1054–1055

Kapitel 4
Angeboren, aber nicht vererbt

1 Heide, Lisa und ihre Eltern habe ich im Sommer 2009 kennengelernt und ihre Geschichte im Artikel »Misshandelt im Mutterleib« im Spiegel (Nr. 37/09) erzählt.

2 Nina Kaminen-Ahola et al.:Maternal Ethanol Consumption Alters the Epigenotype and the Phenotype of Offspring in a Mouse Model. PLoS Genetics, 2010, 6(1): e1000811. doi:10.1371/journal.pgen.1000811

3 www.fasworld.de

4 Karl E. Bergmann et al.: Perinatale Einflussfaktoren auf die spätere Gesundheit. Bundesgesundheitsblatt – Gesundheitsforschung – Gesundheitsschutz, 2007, 50, S. 670–676

5 Peter D. Gluckman et al.: Effect of In Utero and Early-Life Conditions on Adult Health and Disease, The New England Journal of Medicine, 2008, 359, S. 61–73

6 Andreas Plagemann und Joachim Dudenhausen: Weichenstellung im Mutterleib, Humboldt-Spektrum, Sonderdruck 05/2008.

7 Andreas Plagemann et al.: Hypothalamic Proopiomelanocortin Promoter Methylation Becomes Altered by Early Overfeeding: an Epigenetic Model of Obesity and the Metabolic Syndrome. The Journal of Physiology, 2009, 587, S. 4963–4976

8 George Dover: The Barker Hypothesis: How Pediatricans Will Diagnose and Prevent Common Adult-Onset Diseases. Transactions of the American Clinical and Climatological Association, 2009, 120, S. 199–207

9 Peter C. Reifsnyder et al.: Maternal Environment and Genotype Interact to Establish Diabesity in Mice. Genome Research, 2000, 10, 1568–1578

10 Judith N. Gorski et al.: Postnatal Environment Overrides Genetic and Prenatal Factors Influencing Offspring Obesity and Insulin Resistance. American Journal of Physiology – Regulatory, Integrative and Comparative Physiology, 2006, 291, S. R768–R778

Kapitel 5
Vom Wahnsinn in den Genen

1 Avshalom Caspi et al.: Influence of Life Stress on Depression: Moderation by a Polymorphism in the 5-HTT Gene. Science, 2003, 301, S. 386–389

2 Richard Powers: Das größere Glück. Frankfurt am Main 2009

3 Marcus R. Munafò et al.: Gene x Environment Interactions at the Serotonin Transporter Locus. Biological Psychiatry, 2009, 65, S. 211–219

4 Neil Risch et al.: Interaction Between the Serotonin Transporter Gene (5-HTTLPR), Stressful Life Events, and Risk of Depression. Journal of the American Medical Association, 2009, 301, S. 2462–2471

5 Jörg Blech: Die Krankheitserfinder – wie wir zu Patienten gemacht werden. Frankfurt 2010

6 Peter Schrag und Diane Divoky: The Myth of the Hyperactive Child. New York 1976

7 Leon Eisenberg: Commentary with a Historical Perspective by a Child Psychiatrist: When »ADHD« Was the »Brain-Damaged Child«. Journal of Child and Adolescent Psychopharmacology, 2007, 17, S. 279–283

8 Judith L. Rapoport et al.: Dextroamphetamine: Cognitive and Behavioral Effects in Normal Prepubertal Boys. Science, 1978, 199, S. 560–563

9 Das Treffen mit Leon Eisenberg fand am 3. Februar 2009 in seiner Wohnung in der Mt. Auburn Street in Cambridge (Massachusetts) statt. Der Nervenarzt war glänzend aufgelegt, geistig frisch, und nichts deutete auf eine Erkrankung. Am 15. September 2009 ist Leon Eisenberg, kurz nach seinem 87. Geburtstag, gestorben. Die Todesursache war Prostatakrebs.

10 Judith Rapoport et al.: Dextroamphetamine: Cognitive and Behavioral Effects in Normal Prepubertal Boys. Science, 1978, 199, S. 560–563

11 Jonathan Mill und Arturas Petronis: Pre- and Peri-natal Environmental Risks for Attention-deficit Hyperactivity Disorder (ADHD): The Potential Role of Epigenetic Processes in Mediating Susceptibility. The Journal of Child Psychology and Psychiatry, 2008, 49, S. 1020–1030

12 Carl Erik Landhuis et al.: Does Childhood Television Viewing Lead to Attention Problems in Adolescence? Results From a Prospective Longitudinal Study. Pediatrics, 2007, 120, S. 532–537

13 Leon Eisenberg: The Social Construction of the Human Brain. American Journal of Psychiatry, 1995, 152, S. 1563–1575

14 Pekka Tienari et al.: Genotype-environment Interaction in Schizophrenia-spectrum Disorder
Long-term Follow-up study of Finnish Adoptees. *The British Journal of Psychiatry*, 2004, 184, S. 216–222

15 Farahnaz Sananbenesi und André Fischer: The Epigenetic Bottleneck of

Neurodegenerative and Psychiatric Diseases. Biological Chemistry, 2009, 390, S. 1145–1153

16 André Fischer et al.: Recovery of Learning and Memory is Associated with Chromatin Remodelling. Nature, 2007, 447, S. 178–182

17 Joachim Bauer: Das Gedächtnis des Körpers. München 2004

Kapitel 6
Das Märchen von den Marionetten

1 Geoffrey Miller et al.: Ovulatory Cycle Effects on Tip Earnings by Lap Dancers: Economic Evidence for Human Estrus? Evolution and Human Behavior, 2007, 28, S. 375–381

2 Daniel J. Kruger: Male Financial Consumption is Associated with Higher Mating Intentions and Mating Success. Evolutionary Psychology, 2008, 6, S. 603–612

3 Geoffrey Miller: Spent: Sex, Evolution and Consumer Behavior, New York 2009

4 David J. Buller: Evolution of the Mind: 4 Fallacies of Psychology, Scientific American, Januar 2009.

5 Alain de Botton: Statusangst. Frankfurt 2006

6 Geoffrey Miller: Spent, New York 2009

7 David J. Buller: Evolution of the Mind: 4 Fallacies of Psychology. Scientific American, Januar 2009.

8 Gregory Cochran und Henry Harpending: The 10,000 Year Explosion: How Civilization Accelerated Human Evolution, New York 2009

9 John Hawks et al.: Recent Acceleration of Human Adaptive Evolution. Proceedings of the National Academy of Sciences, 2007, 104, S. 20753–20758

10 Pardis C. Sabeti et al.: Genome-wide detection and Characterization of Positive Selection in Human Populations. Nature, 2007, 449, S. 913–918

11 Constance Holden: Parsing the Genetics of Behavior. Science, 2008, 322, S. 892–895

12 Der Spiegel Nr. 30 / 1993

13 Constance Holden: Parsing the Genetics of Behavior. Science, 322, S. 892–895

14 Gene E. Robinson: Genes and Social Behavior. Science, 322, S. 896–899

15 Sabrina S. Burmeister et al.: Rapid Behavioral and Genomic Responses to Social Opportunity. PLoS Biology, 2005, 3(11): e363. doi:10.1371 / journal. pbio.0030363

Kapitel 7
Gelassen gegen den Stress

1 Die Yoga-Stunde war Teil meiner Recherchen für eine Spiegel-Titelgeschichte (»Die Heilkraft der Mönche«, Der Spiegel Nr. 48/2008)

2 Britta K. Hölzel et al.: Stress Reduction Correlates with Structural Changes in the Amygdala. Social Cognitive and Affective Neuroscience, 2009, doi: 10.1093/scan/nsp034

3 www.sfn.org/index.cfm?pagename=news_110607a

4 Rosalind J. Wright et al.: Prenatal Maternal Stress and Cord Blood Innate and Adaptive Cytokine Responses in an Inner-city Cohort. American Journal of Respiratory and Critical Care Medicine, 2010, doi:10.1164/rccm.200904-0637OC

5 Marcela Covic et al. Epigenetic Regulation of Neurogenesis in the Adult Hippocampus. Heredity, doi: 10.1038/hdy.2010.27

6 Daniela D. Pollak et al. An Animal Model of a Behavioral Intervention for Depression. Neuron, 60, S. 149–161

7 Antoine Lutz et al.: Long-term Meditators Self-induce High-amplitude Gamma Synchrony During Mental Practice. Proceedings of the National Academy of Sciences, 2004, 46, S. 16369–16373

8 Britta K. Hölzel et al.: Investigation of Mindfulness Meditation Practitioners with Voxel-based Morphometry. Social Cognitive and Affective Neuroscience, 2008, 3, S. 55–61.

Kapitel 8
Glauben macht gesund

1 Die Begegnung mit Jon-Kar Zubieta und seiner Probandin hat in Ann Arbor (Michigan) stattgefunden und führte zu einer Titelgeschichte im Spiegel (Der Spiegel Nr. 26/2007). Jon-Kar Zubieta et al.: Placebo Effects Mediated by Endogenous Opioid Activity on μ-Opioid Receptors. The Journal of Neuroscience, 2005, 25, S. 7754–7762

2 Fabrizio Benedetti et al.: Placebo-responsive Parkinson Patients Show Decreased Activity in Single Neurons of Subthalamic Nucleus. Nature Neuroscience, 2004, 7, S. 587–588

3 Jon-Kar Zubieta und Christian S. Stohler: Neurobiological Mechanisms of Placebo Responses. Annals of the New York Academy of Sciences, 2009, 1156 Ausgabe: The Year in Cognitive Neuroscience, S. 198–210

4 New York Times vom 5. Oktober 2006

5 Jörg Blech: Wundermittel im Kopf. Spiegel Nr. 26/2010

6 Jörg Blech: Heillose Medizin. Frankfurt am Main 2007

7 J. Bruce Moseley et al.: A Controlled Trial of Arthroscopic Surgery for

Osteoarthritis of the Knee. The New England Journal of Medicine, 2002, 347, S. 81–88

8 Tor D. Wager et al.: Placebo-Induced Changes in fMRI in the Anticipation and Experience of Pain. Science, 2004, 303, S. 1162–1167

9 Marion U. Goebel et al.: Behavioral Conditioning of Immunosuppression Is Possible in Humans. The FASEB Journal, 2002, 16, S. 1869–1873

10 Cynthia McRae et al.: Effects of Perceived Treatment on Quality of Life and Medical Outcomes in a Double-blind Placebo Surgery Trial. Archives of General Psychiatry, 2004, 61, S. 412–420

11 Aijing Shang et al.: Are the Clinical Effects of Homoeopathy Placebo Effects? Comparative Study of Placebo-controlled Trials of Homoeopathy and Allopathy. The Lancet, 2005, 366, S. 726–732

12 Jian Kong et al.: Brain Activity Associated with Expectancy-Enhanced Placebo Analgesia as Measured by Functional Magnetic Resonance Imaging. The Journal of Neuroscience, 2006, 26, S. 381–388

13 Ted Kaptchuk et al.: Sham Device v Inert Pill: Randomised Controlled Trial of Two Placebo Treatments. British Medical Journal. 2006, 332, S. 391–397

14 www.gerac.de

15 Cecil Helman: Culture, Health and Illness. Philadelphia 2007

16 Jörg Blech: Wundermittel im Kopf. Spiegel Nr. 26/2010

17 Brian Olshansky: Placebo and Nocebo in Cardiovascular Health: Implications for Healthcare, Research, and the Doctor-Patient Relationship. Journal of the American College of Cardiology, 2007, 49, S. 415–421

Kapitel 9
Intelligenz und wie man sie bekommt

1 James D. Watson hat sein Buch Avoid Boring People: Lessons from a Life in Science am 3. 10. 2007 in der Memorial Church im Harvard Yard in Cambridge (Massachusetts) vorgestellt.

2 Sunday Times vom 17. Oktober 2007

3 Klaus Eyferth: Leistungen verschiedener Gruppen von Besatzungskindern im Hamburg-Wechsler Intelligenztest für Kinder (HAWIK). Archiv für die gesamte Psychologie, 1961, 113, S. 222–241

4 Carl Zimmer: Searching for Intelligence in Our Genes. Scientific American, Oktober 2008

5 Richard Nisbett: Intelligence and How to Get it. New York 2009

6 Süddeutsche Zeitung vom 1. März 2010

7 Richard E. Nisbett: Intelligence and How to Get It. New York 2009

8 Craig T. Ramey und Sharon Landesman Ramey: Prevention of Intellectual Disabilities: Early Interventions to Improve Cognitive Development. Preventive Medicine, 1998, 27, S. 224–232

9 Christiane Capron und Michel Duyme: Assesment of the Effects of Socio-economic Status on IQ in a Full Cross-fostering Study. Nature, 1989, 340, S. 552–554

10 Michel Duyme et al.: How Can We Boost IQs of »Dull Children«?: A Late Adoption Study. Proceedings of the National Academy of Sciences, 1999, 96, S. 8790–8794

11 Marinus H. van IJzendoorn und Femmie Juffer: Adoption Is a Successful Natural Intervention Enhancing Adopted Children's IQ and School Performance. Current Directions in Psychological Science, 2005, 14, S. 326–330

12 Shakira Franco Suglia et al.: Association of Black Carbon with Cognition among Children in a Prospective Birth Cohort Study. American Journal of Epidemiology, 2008, 167, S. 280–286

13 Gary W. Evans und Michelle A. Schamberg: Child Poverty, Chronic Stress, and Adult Working Memory. Proceedings of the National Academy of Sciences, 2009, 106, S. 6545–6549

14 Betty Hart und Todd R. Risley: Meaningful Differences in the Everyday Experience of Young American Children. Baltimore 1995

15 Stephen A. Petrill et al.: Genetic and Environmental Influences on the growth of early reading skills. The Journal of Child Psychology and Psychiatry, online veröffentlicht am 5. Januar 2010

16 Janet S. Hyde et al.: Gender Similarities Characterize Math Performance. Science, 2008, 321, S. 494–495

17 Claudia M. Mueller und Carol S. Dweck: Praise for Intelligence Can Undermine Children's Motivation and Performance. Journal of Personality and Social Psychology, 1998, 75, S. 33–52

Kapitel 10
Krebs und der unterschätzte Einfluß der Umwelt

1 Evelyn Heeg: Oben ohne. Frankfurt am Main 2009

2 Kelly A. Metcalfe und Steven N. Narod: Breast Cancer Risk Perception Among Women Who Have Undergone Prophylactic Bilateral Mastectomy, Journal of the National Cancer Institute, 2002, 94, 1564–1569

3 www.dkfz.de/de/presse/pressemitteilungen/2005/dkfz_pm_05_60.php

4 Colin B. Begg: On the Use of Familial Aggregation in Population-Based Case Probands for Calculating Penetrance. Journal of the National Cancer Institute, 2002, 94, S. 1221–1226

5 Colin B. Begg et al.: Variation of Breast Cancer Risk Among BRCA1/2 Carriers. Journal of the American Medical Association, 2008, 299, S. 194–201

6 Paolo Vineis et al.: A Field Synopsis on Low-Penetrance Variants in DNA Repair Genes and Cancer Susceptibility. Journal of the National Cancer Institute, 2009, 101, S. 24–36

7 Stuart G. Baker und Jaakko Kaprio: Common Susceptibility Genes for Cancer: Search for the End of the Rainbow. British Medical Journal, 2006, 332, S. 1150–1152

8 Paul Lichtenstein et al.: Environmental and Heritable Factors in the Causation of Cancer – Analyses of Cohorts of Twins from Sweden, Denmark, and Finland. The New England Journal of Medicine, 2000, 343, S. 78–85

9 Regina G. Zieger et al.: Migration Patterns and Breast Cancer Risk in Asian-American Women. Journal of the National Cancer Institute, 1993, 85, S. 1819–27

10 Mel Greaves: Cancer Causation: the Darwinian Downside of Past Success? The Lancet Oncology, 2002, 3, S. 244–251

11 Valerie Greger et al.: Epigenetic Changes May Contribute to the Formation and Spontaneous Regression of Retinoblastoma. Human Genetics, 1989, S. 155–158

12 Andrew P. Feinberg und Benjamin Tycko: The History of Cancer Epigenetics. Nature Reviews Cancer, 2004, 4, S. 1–11

13 Bladimiro Rincon-Orozco et al.: Epigenetic Silencing of Interferon in Human Papillomavirus Type 16-Positive Cells. Cancer Research, 2009, 69, S. 8718–8725

14 http://www.genengnews.com/articles/chitem.aspx?aid=3177&pn=3

15 Andrew P. Feinberg und Benjamin Tycko: The History of Cancer Epigenetics, 2004, 4, S. 143–153

16 Jean-Pierre J. Issa und Hagop M. Kantarjian: Targeting DNA Methylation. Clinical Cancer Research, 2009, 15, S. 3938–3946

17 Ann-Marie Bröske et al.: DNA Methylation Protects Hematopoietic Stem Cell Multipotency from Myeloerythroid Restriction. Nature Genetics, 2009, 41, S. 1207–1215

18 Andrew Feinberg et al.: The Epigenetic Progenitor Origin of Human Cancer. Nature Reviews Genetics, 2006, 7, S. 21–33

19 Über diese Entdeckungsgeschichte hat das Fachblatt *Cell* einen lesenswerten Artikel gedruckt. Sascha Karberg: Switching on Epigenetic Therapy. Cell, 2009, 139, S. 1029–1031

20 M. J. Friedrich: Epigenetic Therapies Offer New Approach to Fighting Cancer at the Genetic Level. Journal of the American Medical Association, 2010, 303, S. 213–214

21 Melinda L. Irwin et al.: Influence of Pre- and Postdiagnosis Physical Activity on Mortality in Breast Cancer Survivors: The Health, Eating, Activity, and Lifestyle Study. Journal of Clinical Oncology, 2008, 26, S. 3958–3964.

22 Jörg Blech: Heilen mit Bewegung. Frankfurt am Main 2009

23 Andrew Haydon et al.: Physical Activity, Insulin-like Growth Factor 1,

Insulin-like Growth Factor Binding Protein 3, and Survival from Colorectal Cancer. Gut, 2006, 55, S. 689–694

24 Jeffrey A. Meyerhardt et al.: Association of Dietary Patterns With Cancer Recurrence and Survival in Patients With Stage III Colon Cancer. The Journal Of the American Medical Association, 2007, 298, S. 754–764

25 Dean Ornish et al.: Changes in Prostate Gene Expression in Men Undergoing an Intensive Nutrition and Lifestyle Intervention. Proceedings of the National Academy of Sciences, 2008, 105, S. 8369–8374

Kapitel 11
Zuckergesund ohne Medikamente

1 www.tu-braunschweig.de/forschung/aktuellehighlights/archiv/diabetes

2 www.decodediagnostics.com/T2-general.php

3 http://www.dak.de/content/dakratgeber/diabetes_ursachen-risiko faktoren_gene-vererbung.html

4 So in der Süddeutschen Zeitung vom 28. 1. 2010 auf Seite 23

5 Jared Diamond: The Double Puzzle of Diabetes. Nature, 2003, 423, S. 599–602

6 https://apps.who.int/infobase/report.aspx?rid=114&iso=NRU&ind=BMI

7 www.abc.net.au/rn/healthreport/stories/2007/1913092.htm

8 Pressekonferenz der Deutschen Gesellschaft für Chirurgie am 9. 12. 2010 in Berlin

9 Yin C. Paradies, Michael J. Montoya und Stephanie M. Fullerton: Racialized Genetics and the Study of Complex Diseases: The Thrifty Genotype Revisited. Perspectives in Biology and Medicine, 2007, 50, S. 203–227

10 Dennis M. Bramble und Daniel E. Lieberman: Endurance Running and the Evolution of Homo. Nature, 2004, 432, S. 345–352

11 Daniel Lieberman hat mich im Februar 2009 in seinem Labor an der Harvard University in Cambridge (Massachusetts) empfangen.

12 James B. Meigs et al.: Genotype Score in Addition to Common Risk Factors for Prediction of Type 2 Diabetes. The New England Journal of Medicine, 2008, 359, S. 2208–2219

13 www.aerzteblatt.de/v4/news/news.asp?id=34515

14 Matthias B. Schulze et al.: Use of Multiple Metabolic and Genetic Markers to Improve the Prediction of Type 2 Diabetes: the EPIC-Potsdam Study. Diabetes Care, 2009, 32, S. 2116–2119

15 Steve Stannard und Nathan Johnson: Energy Well Spent Fighting the Diabetes Epidemic. Diabetes/Metabolism Research and Reviews, 2006, 22, S. 11–19

16 http://www.hsph.harvard.edu/news/press-releases/2009-releases/
    majority-of-new-cases-of-diabetes-in-older-us-adults-could-be-pre
    vented-by-following-modestly-healthier-lifestyles.html
17 Dariush Mozaffarian et al.: Lifestyle Risk Factors and New-Onset Diabetes
    Mellitus in Older Adults. Archives of Internal Medicine, 2009, 169,
    S. 798–807.
18 Frank B. Hu et al.: Television Watching and Other Sedentary Behaviors in
    Relation to Risk of Obesity and Type 2 Diabetes Mellitus in Women. The
    Journal of the American Medical Association, 2003, 289, S. 1785–1791
19 Stephan Martin: Nichtpharmakologische Diabetestherapie. Medizinische
    Klinik, 2006, 101, S. 973–989
20 Romain Barrès et al.: Non-CpG Methylation of the PGC-1α Promoter
    through DNMT3B Controls Mitochondrial Density. Cell Metabolism,
    2009, 10, S. 189–198

Kapitel 12
Was das Herz begehrt

1 Das Treffen mit Gero Behrend hat im Dezember 2009 stattgefunden. Seine
   Geschichte war Anlass für einen Artikel im Spiegel (Nr. 3/2010).
2 Die familiäre Hypercholesterinämie ist eine erblich bedingte Störung des
   Fettstoffwechsels mit erhöhten Cholesterinwerten. Die Häufigkeit für die
   schwere, homozygote Erkrankung liegt bei eins zu einer Million.
3 Stephan Schirmer et al.: Mechanismen und Möglichkeiten einer therapeu-
   tischen Stimulation der Arteriogenese. Deutsche Medizinische Wochenschrift, 2009, 134, S. 302–306
4 Eva E. Buschmann et al.: Improvement of Fractional Flow Reserve and
   Collateral Flow by Treatment with External Counterpulsation (Art.Net.-
   2 Trial). European Journal of Clinical Investigation, 2009, 39, S. 866–875
5 www.charite.de/ccr/site/html/de/team_buschmannneu.html
6 Rainer Zbinden et al.: Direct Demonstration of Coronary Collateral
   Growth by Physical Endurance Exercise in a Healthy Marathon Runner.
   Heart, 2004, 90, S. 1350–1351

Kapitel 13
Drüsen machen keinen dick

1 Christin Melchior et al.: Schlank trotz genetischer Prädisposition für Adi-
   positas – Beeinflussung von Umweltfaktoren als Chance? Eine Kasuistik.
   Deutsche Medizinische Wochenschrift, 2009, 134, S. 1047–1050
2 Steven Robbens et al.: The FTO Gene, Implicated in Human Obesity, Is
   Found Only in Vertebrates and Marine Algae. Journal of Molecular Evolution, 2008, 66, S. 80–84

3 Nicola Santoro et al.: Prevalence of pathogenetic MC4R mutations in Italian children with early onset obesity, tall stature and familial history of obesity. BMC Medical Genetics, 2009, 10, 25. Im Internet verfügbar unter: biomedcentral.com/1471-2350/10/25/

4 Jocelyn Kaiser: Mysterious, Widespread Obesity Gene Found Through Diabetes Study. Science, 2007, 316, S. 185

5 Evadnie Rampersaud et al.: Physical Activity and the Association of Common FTO Gene Variants With Body Mass Index and Obesity. Archives of Internal Medicine, 2008, 168, S. 1791–1797

6 Camilla H. Andreasen et al.: Low Physical Activity Accentuates the Effect of the FTO rs9939609 Polymorphism on Body Fat Accumulation. Diabetes, 2008, 57, S. 95–101

7 Andrew Rundle et al.: The Urban Built Environment and Obesity in New York City. American Journal of Health Promotion, 2007, 21, S. 326–334

8 Anne Ellaway et al.: Graffiti, Greenery, and Obesity in Adults: Secondary Analysis of European Cross Sectional Survey. British Medical Journal, 2005, 331, S. 611–612

9 Julian Esparza et al.: Daily Energy Expenditure in Mexican and USA Pima Indians: Low Physical Activity as a Possible Cause of Obesity. International Journal of Obesity, 2000, 24, S. 55–59

Epilog / Kapitel 14
Unsere Gene sind wunderbar wandelbar

1 Matthew D. Anway et al.: Epigenetic Transgenerational Actions of Endocrine Disruptors and Male Fertility. Science, 2005, 308, S. 1466–1469

2 Rebecca Renner: Key Environmental Epigenetics Paper Challenged. Environmental Science and Technology, 2009, November 1, S. 8009–8010

3 Catherine M Suter et al.: Addendum: Germline epimutation of MLH1 in Individuals with Multiple Cancers, Nature Genetics, 2007, 39, S. 1414

4 So war schon zu lesen, dank der Epigenetik würden eines Tages viele Menschen genesen, die heute als unheilbar krank gelten. Peter Spork: Der zweite Code. Reinbek 2009

5 Wend-Uwe Boeckh-Behrens und Wolfgang Buskies: Fitness-Krafttraining. Reinbek 2004

6 Jacob v. B. Hjelmborg et al.: Genetic Influence on Human Lifespan and Longevity. *Human Genetics*, 2006, 119, S. 312–321

7 Michael G. Marmot et al.: Status Syndrome. Journal of the American Medical Association. 2006, 295, S. 1304–1307

8 Mehregan Movassagh et al.: Differential DNA Methylation Correlates with Differential Expression of Angiogenic Factors in Human Heart Failure. PLoS ONE, 2010 5(1): e8564. doi:10.1371/journal.pone.0008564

9 Raffaella Molteni et al.: A High-Fat, Refined Sugar Diet Reduces Hippo-campal Brain-Derived Neurotrophic Factor, Neuronal Plasticity, and Learning. Neuroscience, 2002, 112, S. 803–814

10 Kay-Tee Khaw et al.: Combined Impact of Health Behaviours and Mortality in Men and Women: The EPIC-Norfolk Prospective Population Study. PLoS Medicine, 2008, 5 (1): e12. doi:10.1371/journal.pmed. 0050012

11 Carol S. Dweck: Can Personality Be Changed? The Role of Beliefs in Personality and Change, 2008, Current Directions in Psychological Science, 2008, 17, S. 391–394

Register